AF403130

Loups tués près d'Argenton-sur-Creuse (Indre).

(En haut, à droite, tête de l'hybride sauvage de Louve et de Chien tué en 1884, près d'Argenton.)

LE LOUP COMMUN

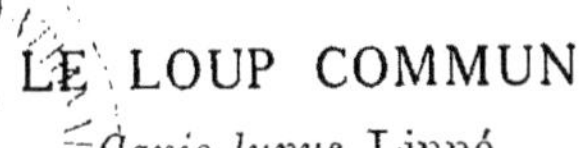

Canis lupus Linné

QUELQUES-UNS DE SES MÉFAITS
SA DISPARITION PRESQUE COMPLÈTE
DE FRANCE

par Raymond ROLLINAT

Correspondant du Muséum national d'Histoire naturelle,
Correspondant de l'Académie d'Agriculture (section d'H. N.)

Le Loup, qui depuis la disparition des grands Carnivores que connurent nos lointains ancêtres troglodytes était devenu le roi de nos forêts, s'en va lui aussi et bientôt ne sera plus qu'un mauvais souvenir qui ne s'effacera pas de sitôt de l'esprit des populations habitant certaines régions de France, où sa trace exécrée et parfois combien dangereuse exerçait jadis ses ravages. Longtemps après que le dernier représentant de cette espèce aura disparu, on parlera, l'hiver, devant l'âtre des fermes ou des maisons des villages, d'histoires de Loups qu'on sera tenté de qualifier de légendes parce qu'elles seront de plus en plus lointaines. Il est donc nécessaire de citer quelques-uns des principaux méfaits du Loup, drames terribles et vrais, afin que plus tard on ne puisse qualifier de fantaisistes racontars les récits qu'on en fera lorsque le dernier représentant de ce brigand à quatre pattes ne sera plus qu'à l'état de souvenir dans la mémoire des hommes.

Il fut un temps, qui n'est pas très éloigné de nous, où les Loups pullulaient en certaines régions de France et y vivaient aux dépens des animaux sauvages et bien trop souvent des animaux domestiques.

Dans ma jeunesse, les Loups étaient encore communs dans la région du département de l'Indre que j'habite. Ces Carnassiers, non seulement à la campagne mais aussi dans les petites villes, servaient d'épouvantails aux mères qui grondaient leurs enfants, épouvantails le plus souvent chimériques, car rares étaient les Loups qui se repaissaient de chair humaine. Mais ils étaient vraiment dangereux pour les Chiens gardiens des fermes et des troupeaux, ou pour les Chiens courants entraînés au loin en poursuivant un Renard, un Cerf, un Chevreuil ou un Sanglier. Bien souvent, il y a cinquante ou soixante ans, un Chien ainsi égaré ou ayant une longue retraite à effectuer ne revenait plus : il s'était trop éloigné dans les grands bois, et, au retour, avait été rencontré par un ou plusieurs Loups, qui, après une courte lutte, en avaient fait leur proie. J'avais six ou sept ans quand on apporta à la maison de mes parents le collier et la tête, trouvés en plein bois, d'un Chien courant qui était mon grand ami. Sa disparition m'avait arraché bien des larmes et ce fut avec grande affliction que je revis la tête en partie décomposée du bon animal qui avait été mon compagnon préféré parmi plusieurs autres.

L'institution de la louveterie avait permis de se défendre tant bien que mal des Loups ; mais dans le cours du dernier siècle le grand développement pris par la culture des terres, le défrichement des brandes, la disparition de bois plus ou moins importants, les armes à longue portée et à tir plus rapide, et surtout l'emploi du poison, amenèrent leur diminution rapide ; le présent siècle verra certainement leur extinction en France.

Le Loup a le pelage ordinairement fauve, plus ou moins mélangé de poils noirs, ces derniers restant fauves jusqu'aux deux tiers de leur base pour les poils du dessus du cou, des épaules et du dos, et sous ces poils déjà serrés, longs de 5 à 6 centimètres, d'autres plus fins, plus courts, de 3 à 4 centimètres de longueur, blanchâtres, ondulés, constituent une bourre épaisse qui donne à l'animal une fourrure des plus chaudes. Les poils de la tête et surtout ceux du museau sont courts ; ceux de la queue sont les plus longs. Poils fauves plus ou moins mélangés de poils noirs entre l'œil et l'oreille. Iris brun, plus ou moins foncé ; pupille arrondie. Queue fauve, mélangée de beaucoup de noir. Côtés de la tête, et surtout museau et gorge d'un blanc légèrement roux. Pattes d'un roux plus ou moins clair, mélangé de poils noirs sur une partie du devant des membres antérieurs ; pieds antérieurs à cinq doigts, dont quatre portent sur le sol, et à quatre doigts seulement pour les pieds postérieurs. Certains Loups sont grisâtres, d'autres roussâtres. Les ongles sont noirâtres et parfois d'un brun très foncé.

Un mâle très adulte et bien en chair pèse 90 à 125 ou 130 livres ; on en a même signalé dépassant ce poids.

Un Loup de 90 à 100 livres a environ 1 m. 10 du bout du museau à la naissance de la queue, qui mesure 0 m. 35 et de 0 m. 40 à 0 m. 43 avec les poils de l'extrémité. La tête est forte, les oreilles peu allongées, droites et pointues ; le cou très musclé est robuste, ainsi que les épaules ; le tour de poitrine peut atteindre 0 m. 83 à 0 m. 85. La hauteur de l'animal atteint 0 m. 70 et même plus. La puissante mâchoire du Loup est armée de canines qui peuvent avoir, ainsi que je l'ai mesuré, 27 millimètres de longueur ; avec son museau un peu allongé, lorsqu'il ouvre largement la gueule et saisit puissamment sa victime, il fait de terribles blessures.

Sa voix ne ressemble pas à celle du Chien ; il hurle, et si plusieurs Loups se répondent, ce concert sinistre s'entend de fort loin et est impressionnant. Dans la partie de l'Indre située entre Argenton et Le Blanc, bien rares sont les personnes aujourd'hui âgées de cinquante à soixante ans et plus, qui n'aient entendu, la nuit, les hurlements des Loups. Et quelles servitudes ces indésirables mais superbes bêtes ne faisaient-elles pas supporter aux gens des campagnes ! M. Longin, vieux cultivateur septuagénaire, me disait encore dernièrement que lorsqu'il était à peine adolescent, il entendait presque chaque nuit, surtout en octobre, novembre et décembre, la voix des Loups, et qu'il se souvenait d'avoir plusieurs fois accompagné son père dans les bois lorsqu'une Génisse ou un jeune Taureau s'y était égaré et n'avait pu être ramené à l'étable. Alors, le père et le fils s'installaient au pied d'un chêne pour y passer la nuit, veillant tour à tour et prêts à se porter au secours de leur bête, s'ils entendaient le bruit d'une lutte, car le combat entre un ou plusieurs Loups et un Bovidé ne se faisait pas, d'ordinaire, sans quelque bruit. Ils avaient comme musique pour les distraire, le glapissement de Renards en chasse, les ululations des Oiseaux nocturnes, et bien trop souvent, ce qui les rendait encore plus attentifs, la voix profonde des Loups se faisant entendre dans le lointain.

Mais parfois cependant, l'étranglement d'une victime pouvait se faire presque sans bruit. En un autre point de l'Indre, un soir d'hiver, alors que les gens étaient rassemblés autour du foyer, et qu'un visiteur avait laissé son vieil Ane attelé à sa modeste voiture et attaché tout près de la maison où « la veillée » se passait, l'animal fut trouvé étranglé et éventré, et ce meurtre était l'œuvre d'un Loup qui était venu rôder par là en quête de quelque Chien à tuer et à traîner dans un endroit où le repas pouvait se faire tranquillement. A défaut de Chien, le Loup avait étranglé l'Ane et lui avait entamé le ventre.

D'après les différents auteurs qui se sont occupés de la reproduction du Loup, parmi lesquels sont le comte le Couteulx de Canteleu et M. de Lasfonds, lieutenants de louveterie, c'est en janvier et février que la période des chaleurs s'ouvre pour la Louve, une seule fois pour toute l'année, et ces chaleurs sont plus prolongées chez elle que chez la Chienne ; le comte le Couteulx a observé une durée de cinq semaines chez ses Louves apprivoisées. Les plus vieilles Louves sont en cet état avant les jeunes qui vont se reproduire pour la première fois. Si donc on tue encore en juin, ainsi que j'en ai eu connaissance, des Louves pleines, c'est qu'on a affaire à de jeunes femelles. J'ai su par la préfecture du département de la Vienne, qu'une Louve pleine avait été tuée le 16 juin 1925 à Saint-Laurent, arrondissement de Montmorillon.

Mais parfois, pour les Louves très adultes, les chaleurs peuvent commencer plus tôt qu'à l'époque ordinaire, car je tiens de M. le conservateur des Eaux et Forêts en résidence à Vesoul, qu'une Louve pleine avait été tuée le 15 décembre 1906 à Jussey, commune de l'arrondissement de Vesoul.

Les mâles n'ont pas de rut proprement dit, et le comte le Couteulx pense qu'ils sont en état de s'accoupler en tout temps ; mais il n'a pu vérifier le fait de façon certaine. L'accouplement est semblable à celui du Chien.

La durée de la gestation est, pour la Louve comme pour la Chienne, de soixante-trois à soixante-six jours. Chez le comte le Couteulx, la veille du jour où une Louve devait mettre bas, le poil souple et fourré qui couvrait le ventre tombait rapidement, et les mamelles se gonflaient de plus en plus de lait ; ce poil, mélangé à des herbes, fougères et mousses, formait un matelas sur lequel elle faisait ses petits. D'après M. de Lasfonds, le Loup forme couple avec sa femelle et si celle-ci succombe vers la fin de l'allaitement, c'est lui qui se charge d'alimenter ses petits avec la chair qu'il leur dégorge et qui provient du produit de ses chasses.

C'est sous une roche un peu inclinée, ou près d'un gros arbre au tronc énorme et depuis longtemps par terre, ou même en plein roncier au plus épais des bois et plus rarement en bordure, que la Louve forme son liteau ; elle excave légèrement le sol, y établit le matelas dont j'ai parlé, et, là, donne naissance à trois, le plus souvent cinq ou six, sept ou huit petits, rarement neuf et même onze.

Au bout de dix à douze jours, dit M. de Lasfonds (1), les Louveteaux ont les yeux ouverts, mais la mère a pris la précaution de préparer d'autres liteaux moins importants, où, lorsque les petits ont une quinzaine de jours, la Louve les divise par deux ou trois, les allaitant tour à tour dans la journée et la nuit. La nature prévoyante, ajoute le louvetier, lui a donné cet instinct, parce qu'une nombreuse portée de petits déchire ses mamelles. Des chercheurs ont pris plusieurs fois des portées de onze petits, faits que M. de Lasfonds n'a pas oublié de noter soigneusement sur son livre de chasse, avec les noms des chercheurs et la date. Et la suite de son récit est si intéressante, que je vais en donner le texte même : « Le Louveteau profite très vite ; à deux mois, il est gros comme un petit Renard ; à ce moment, la mère réunit ses petits et les change souvent de place. Elle commence à leur porter des Agneaux qu'elle déchire. Quand elle arrive à ses petits, la mère vomit et les Louveteaux se précipitent sur cette nourriture préparée pour leur jeune estomac. Plus tard, elle leur apporte un Mouton entier, un Chien qu'ils dévorent sous ses yeux. En octobre, chaque Louveteau pèse

____

(1) *Le Saint-Hubert-Club illustré (Revue mensuelle)*, n° 5, 1er mai 1923. *Les Loups, la chaudière (ou liteau), les Louveteaux, les Louvarts*, par S. de LASFONDS, lieutenant de louveterie.

de 35 à 40 livres. A cette époque, ils sont gris noir sur le dos avec la queue peu fournie. A neuf ou dix heures du soir, on entend les vieux Loups hurler. On dirait que la voix sort de dessous terre, pour se terminer par un éclat qui s'entend de très loin. Les jeunes crient tous ensemble comme une meute ; on croirait qu'ils se mangent. La nuit, c'est un opéra qui est plutôt effrayant. »

Tant que les jeunes ne sont pas suffisamment forts, les parents vont leur chercher de la nourriture à une certaine distance du bois où ils habitent, afin de ne pas attirer sur eux de justes représailles.

C'est à six mois que les Louveteaux prennent le nom de Louvarts ; vers l'âge de deux ans ils sont entièrement développés et en état de se reproduire, et on les appelle alors vieux Loups ; par la suite, ils deviennent de grands vieux Loups.

Ordinairement, quand revient l'époque du rut, les Loups adultes se séparent des jeunes, et le mâle les chasse lorsqu'il s'aperçoit qu'ils persistent à suivre leur mère et lui.

En captivité, le Loup se reproduit rarement avec la Chienne, et le Chien fort bien avec la Louve. Des veneurs ont donné de la vigueur et du mordant à leurs meutes, en faisant s'accoupler surtout des Chiens avec des Louves, élevant les produits hybrides féconds qui en résultaient et les faisant se reproduire, pendant plusieurs générations, avec des Chiens de leurs équipages.

Ce sont là des faits connus ; mais ce qu'on peut constater beaucoup plus rarement, ce sont des accouplements de Chiennes ou de Chiens avec des Loups ou des Louves vivant à l'état sauvage.

Si dans les journaux et les ouvrages cynégétiques j'ai souvent lu des récits de cas de reproduction en captivité entre ces deux espèces, ceux relatant des accouplements en liberté y sont énormément plus rares. Nul n'ignore que le Loup a une prédilection marquée pour la chair du Chien, et dans ma jeunesse, alors que les Loups étaient encore communs dans un assez grand nombre de départements français, j'ai bien souvent entendu dire qu'un Loup attaquant des Moutons s'emparait volontiers du Chien qui les gardait, si ce dernier était plutôt jeune et insuffisam-

ment défendu par le berger ou la bergère. Aussi, lorsqu'un
Loup errant ou une Louve rencontre un Chien d'un autre
sexe que le sien, celui-ci l'évite le plus souvent et ne cherche pas à s'en approcher s'il ne se sent rassuré par la
présence d'un être humain, et si un de ces êtres est là, c'est
alors le Loup qui s'en va.

Mais comme je le disais dans cette Revue même lorsque
j'ai traité de l'accouplement en liberté du Porc mâle ou
Verrat avec la Laie, femelle du Sanglier, lequel à l'époque
du rut est peu souffrant à l'égard des mâles de son espèce (1), l'attrait de la copulation peut faire commettre
des imprudences qui pourraient rapidement tourner au tragique. Cependant, l'appel de la nature est parfois plus fort
que la raison et peut entraîner entre Chien et Loup, enne-
mis d'ordinaire, à des concessions mutuelles. L'odeur de
la femelle à l'époque du rut, parfum irrésistible, peut
clouer sur place l'amoureux d'une race différente mais
ayant avec la sienne de grandes affinités physiologiques
permettant l'acte de reproduction. Au lieu de fuir, il reste,
surtout s'il est encore jeune quoique déjà en état de s'accoupler et s'il manque d'expérience au point de vue du danger.
Devant une Louve en chaleurs et non accompagnée d'un
Loup, un Chien de ferme, âgé de deux ou trois ans, peut
s'arrêter. Les bêtes s'examinent, le Chien frétille de la
queue, porte la tête de droite et de gauche en lançant des
regards d'envie ; il se tourne et se retourne, fait le beau
comme devant une Chienne. Devant pareille démonstra-
tion, la Louve peut n'être pas insensible, se laisser approcher ; l'odorat joue son rôle, de toute première importance ;
les museaux se promènent, flairant partout ; enfin le sou-
pirant est agréé et l'acte reproducteur consommé. La bête
sauvage s'est mésalliée. Libre, elle s'en va, portant dans
ses flancs les germes d'un cousin très proche, mais asservi
par l'homme qui en a fait un gardien ennemi de sa race.

Dans l'Indre, à Villebuxières, à une douzaine de kilomètres au sud d'Argenton-sur-Creuse, des paysans avaient
vu, vers 1883, plusieurs Loups ensemble, dont deux res-

(1) Raymond ROLLINAT : *Note sur la reproduction du Sanglier mâle
avec le Porc femelle et sur celle du Porc mâle avec le Sanglier
femelle.* Revue d'Histoire naturelle appliquée (première partie), Vol.
VI, n° 11, novembre 1925.

semblaient un peu à de forts Chiens de berger. Ces animaux commirent quelques dégâts et le lieutenant de louveterie du canton d'Argenton, M. Edmond Mercier-Génétoux, organisa une chasse. L'un de ces Loups fut lancé par la meute ; il passa près d'un chasseur qui ne le tira pas, parce qu'il le prit pour un Chien de ferme, et qui fut très étonné lorsque les Chiens courants arrivèrent, suivant la voie de l'animal. Il reconnut trop tard son erreur, et cependant il connaissait bien les Loups, car il en avait tué plusieurs et vu un certain nombre. Des Chiens avec des Loups, cela parut bizarre ; on en conclut qu'une Louve avait dû se mésallier quelques années avant, car des Chiens, même forts, auraient couru de grands risques en la société des Loups et n'y auraient du reste pas été admis. Ces Loups ressemblant à des Chiens furent encore vus ailleurs.

Un de ces animaux bizarres dut venir, à une petite distance de Villebuxières, dans la vallée de la Creuse, traverser la rivière à la nage, ou bien sur un pont, à la campagne, ou sur l'un des ponts d'Argenton, car les Loups traversent sans gêne les villages ou les petites villes pendant la nuit, et à cette époque l'éclairage au gaz des rues d'Argenton était supprimé vers onze heures du soir ou, au plus tard, minuit.

En octobre 1884, M. Jean Chéret, marchand de bois à Argenton-sur-Creuse, était allé voir ses ouvriers qui exploitaient un taillis près de la ferme des Thiers, située commune de Tendu, canton d'Argenton. Quand j'étais jeune, j'ai souvent chassé en sa compagnie ; c'était un vieux chasseur très avisé qui, à plus de vingt kilomètres autour de la petite ville, connaissait les meilleurs endroits où il était bon de s'embusquer. Tout à coup, il entendit crier : « au Loup ! au Loup ! » et apprit d'un de ses ouvriers qu'un Loup venait de prendre une Oie près de la ferme et était entré dans le taillis en emportant sa proie. M. Chéret était toujours armé de son fusil et n'oubliait jamais d'emporter trois ou quatre cartouches à balle ou chargées de chevrotines. Avec des paysans et ses ouvriers, il organisa rapidement une petite battue, et alla se placer, de l'autre côté du bois, à l'endroit qui lui semblait le meilleur. Heureusement, le vent lui était favorable et il était impossible au Loup de le sentir. La chance le favorisa. Aux cris des rabatteurs, la bête vida l'enceinte exactement à l'endroit où l'attendait le chasseur. L'animal avait encore l'Oie à la gueule ; M. Chéret lui adressa un coup de fusil qui lui brisa une patte et lui fit lâcher sa proie ; du second coup aussitôt appliqué, il le tua net. L'heureux tireur se trouva alors en face d'une bête étrange, qu'il examina attentivement. Il connaissait admirablement les Loups, et dans le cours de son existence, passée en partie dans les bois, il en avait vu beaucoup et même en avait tué un certain nombre, favorisé par le hasard ou dans des chasses organisées. Paysans et ouvriers arrivèrent ; les premiers ramassèrent le cadavre de l'Oie encore presque intact, et tous firent cercle autour du ravisseur. Les ouvriers des bois dirent que c'était bien un Loup, mais qu'il avait cependant un extraordinaire aspect. C'était un mâle de forte taille, d'un brun fauve grisâtre, à poils du cou assez longs et aussi rudes, même plus rudes que ceux des Loups. Au cou, aucune trace de collier. Les poils du cou et de la gorge avaient jusqu'à six et sept centimètres de longueur ; sous eux, on voyait une bourre d'un à trois centimètres de long, assez épaisse et d'un cendré roussâtre. Le dessus de la tête était d'un fauve gris noirâtre, un peu plus foncé entre l'oreille et l'œil, et d'un fauve gris blanchâtre au-dessus de l'œil. Joues, gorge et devant du cou d'un gris pâle légèrement roussâtre. La teinte des pattes, fauve et un peu noirâtre en avant, était pareille à celle des pattes du Loup ; sa queue, ses pieds avec les doigts médians plus allongés que chez le Chien, étaient d'un Loup. Le cou et la tête, puissamment musclés, étaient également d'un Loup. Le soir même, l'animal fut offert par M. Chéret au louvetier d'Argenton qui était mon parent. Je vis ce Loup le lendemain ; beaucoup de chasseurs du pays l'examinèrent, et plusieurs vieux fusils de Saint-Gaultier, où la nouvelle s'était répandue, en firent autant. On convint que l'animal ne pouvait être autre que le produit d'une Louve s'étant accouplée avec un fort Chien de ferme, sans doute à poils hirsutes et grisâtres comme on en voyait beaucoup à cette époque. La tête et le cou du Loup furent envoyés à un naturaliste-préparateur de Paris, et ce trophée est encore à Argenton en ce moment, chez un de mes voisins.

N'oublions pas que les mesures que j'ai prises pour

indiquer différentes dimensions, l'ont été sur des animaux
montés, mais bien préparés, sauf la tête de l'hybride, et
que s'il y a rétrécissement en ce qui concerne les oreilles,
c'est pour les quatre sujets la même chose. J'avais devant
moi les trois têtes et le Loup entier représentés sur la
planche qui accompagne ce mémoire (1).

Les oreilles des trois Loups mesurent de 9 à 11 centimètres de longueur et de 7 à 8 centimètres de largeur. Celles
de l'hybride ont 12 centimètres de longueur et 8 de largeur.

En 1878, *La Chasse illustrée* signale trois Loups noirs
et deux gris tués dans l'Orne et le Calvados. D'après M. le
vicomte de Tertus, lieutenant de louveterie, les Chiens
avaient beaucoup moins d'entrain sur la voie d'un de ces
animaux que sur celle d'un Loup ordinaire. Ces Loups faisaient volontiers tête aux Chiens rapprocheurs lorsque ceux-

---

(1) Les trois têtes représentent, en commençant par la gauche :
Celle d'un Loup très adulte, en pelage d'hiver et du poids de
104 livres. Ce Loup a été tué à la fin de l'année 1844, d'un coup de
fusil, la nuit, au moment où il venait prendre un Chien dans la cour de
la ferme de la Martine, tout près d'Argenton.
Celle d'une Louve adulte, en pelage d'été, tuée le 7 août 1881 au
bois des Salles, à quelques kilomètres d'Argenton (le surlendemain
un de ses Louveteaux était pris par des Chiens courants dans le
même bois).
Celle de l'hybride de Louve et de Chien, tué par M. Chéret en
octobre 1884, au bois des Thiers, à une douzaine de kilomètres d'Argenton. Cet hybride, que j'ai vu le lendemain de sa mort, ainsi que
je l'ai dit plus haut, avait, avant d'être monté, la tête beaucoup
plus large et ses oreilles paraissaient moins longues. Le préparateur
aurait dû mettre plus d'étoupe et de plâtre entre le crâne et la peau
du dessus et des côtés de la tête, pour remplacer les muscles puis-
sants.
Le Loup monté en entier, mâle de 94 livres, est le dernier animal
de cette espèce abattu sur le territoire de la commune d'Argenton.
Le 19 février 1887, trois Loups avaient éventré une Jument près de
l'Etang-Marie. Cette malheureuse bête, qui était entravée, parvint
quand même à s'échapper et arriva dans la cour de la ferme, couverte
de morsures et traînant ses intestins. Il fallut l'abattre pour abréger
ses souffrances. Le surlendemain 21 février, le lieutenant de louveterie d'Argenton, qui chassait dans cette région, apprit qu'un Loup,
qui venait de prendre une Oie près de la ferme de l'Etang-Marie,
avait été vu, depuis moins d'une heure, entrant au bois des Prunes.
Les chasseurs prirent leurs postes, les Chiens furent lâchés, et le
Loup, passant près de M. Fernand de Romanet, d'Argenton, fut tué.
Dans son estomac on trouva, déchiqueté en gros morceaux, le cadavre
de l'Oie. M. Mercier-Génétoux fit monter en entier ce Loup qui
plus tard appartint à M. André Jouslin de Noray, lequel me le
donna il y a quelques années. Il figure dans ma collection de
Mammifères, Reptiles, Batraciens et Poissons de l'Indre.

ci étaient en liberté, disait M. de Tertus, et les renvoyaient avec une sorte d'aboiement rauque et court, semblable à celui d'un Chien mâtin. Ces Loups attaquaient les Moutons, même les Vaches. En plusieurs chasses, ils succombèrent. Quoique adultes, ils ne pesaient pas plus de 60 à 70 livres. Peut-être était-on là en présence d'hybrides de Louve et de Chien de berger.

De temps à autre en France, il a été tué des Loups noirs et l'un d'eux fut abattu dans l'Indre en 1880.

D'après *La Chasse illustrée* de 1880, dans l'Aveyron, sur le causse de Bombes, le Chien d'un fermier a été vu plusieurs fois en compagnie d'une Louve qui semblait lui faire le meilleur accueil et mordait cruellement tout autre Chien accompagnant son préféré ; un ou plusieurs accouplements en sont probablement résultés.

M. le comte le Couteulx de Canteleu, dans son remarquable *Manuel de la Vénerie française* (1), dit ceci : « On trouve quelquefois en France des Loups jaune pâle, d'autres presque blancs et pas mal de Loups noirs ; toutefois, tous les noirs que j'ai vus m'ont toujours paru plus ou moins métissés, ce qui arrive assez souvent pour une Louve sans mâle qui, dans sa chaleur, s'est fait accompagner et servir par quelque Chien de berger errant et vagabond. De là naissent des métis qui, recroisés avec de vrais Loups, donnent quelquefois des animaux bizarres, comme j'en ai pris deux portées : les uns noirs, les autres jaunes avec des taches blanches au cou et au ventre, et la tête presque comme celle d'un Dogue, quelques-uns avec le bout de l'oreille tombante. J'en ai pris un qui était presque tout blanc et bien Loup pur ; je pense que c'était un cas d'albinisme. »

Dans ses *Souvenirs d'un vieux louvetier* (2), le vicomte de Beauvais de Saint-Paul parle d'un accouplement en liberté entre une Louve et un Chien : « M. de Courcival,

---

(1) *Manuel de la Vénerie française*, par le comte LE COUTEULX DE CANTELEU, lieutenant de louveterie. Paris, librairie Hachette et Cⁱᵉ, 1890.

(2) *Souvenirs d'un vieux louvetier*. Chasses, chasseurs, sports du Maine et de la Normandie, de 1840 à 1888, par le vicomte DE BEAUVAIS DE SAINT-PAUL, ancien louvetier du Mans, ancien conseiller d'arrondissement. Vannes, Lafolye, éditeur, 2, place des Lices, 1892.

lieutenant de louveterie de l'arrondissement de Mamers vers 1863, prit en deux ou trois ans, dans les bois qui s'étendent entre La Ferté et Nogent, des Louvarts issus d'une Louve et d'un gros Mâtin qui, au temps des amours, suivait la Louve et vivait de la vie de sa sauvage compagne. Dans ces petits Louvarts, il y en avait de toutes les teintes. »

Si l'on passe maintenant aux accouplements qui se produisirent en captivité, on en a de nombreux exemples. M. A. Liégeois écrivait le 3 juillet 1879 à *La Chasse illustrée:* « Je possède depuis sept ans une Louve que j'ai élevée. En 1877 et 1878, elle fut couverte par un Chien et mit bas chaque fois un petit qui, quoique né parfaitement viable, ne vécut pas, la chaîne qui attachait la Louve les ayant écrasés. Le 18 juin 1879, elle mit bas de nouveau, mais cette fois quatre petits pleins de vigueur. Le Chien étalon est un Braque d'arrêt blanc, avec quelques taches brunes sur la tête, le cou et les reins. Les hybrides sont d'un gris foncé uniforme. »

M. le Couteulx de Canteleu, qui avait des Loups très apprivoisés en captivité, au point qu'ils le suivaient dans la campagne et que ses Louves le laissaient toucher leurs petits dès la mise bas, et qui avait même eu deux Loups purs qui lui servaient de limiers, n'a jamais pu faire couvrir une Chienne par un Loup, alors qu'il a fait souvent reproduire ses Louves avec ses Chiens. Ces Louves furent les mères de nombreux métis qu'il adjoignit à sa meute et dont il éleva les produits jusqu'à la cinquième génération. Les Loups purs qu'il découplait avec sa meute ne donnaient pas de voix, alors que le Renard vivant à l'état sauvage en donne lorsqu'il poursuit une proie, et ce veneur célèbre dit bien que le Loup, qui a un odorat parfait, chasse le gibier en se servant de son nez comme le Chien mais sans émettre aucun son.

D'autres veneurs ont également eu des reproductions de Louves avec des Chiens, mais je ne m'étendrai pas plus longuement sur ce sujet.

S'il ne fait pas de mauvaise rencontre, le Loup peut vivre longtemps, vingt ans et même plus dans certains cas d'extrême longévité ; mais sa vie de brigandage lui attire le plus souvent une fin prématurée.

Que de massacres un Loup de 15 à 20 ans n'a-t-il pas faits parmi les hôtes sauvages des champs et des bois! que d'animaux domestiques n'a-t-il pas détruits!

Après la période de reproduction, il n'est pas rare que quelques vieux Loups se réunissent en troupe de cinq à dix sujets; on en a même une fois, en France, observé une vingtaine ensemble, mais c'était un fait exceptionnel, car nos bandes de Loups ne sont pas comparables à celles qu'on rencontre en Russie.

Néanmoins, même à quelques-uns seulement, ils peuvent commettre de véritables massacres. Le comte le Couteulx de Canteleu a vu quarante Moutons égorgés sur l'espace d'un kilomètre.

A défaut de la chair fraîche de gros ou moyens animaux, le Loup se contente de Grenouilles, de Campagnols et de Mulots. A une grande distance, car son odorat est très fin, il se dirigera vers une charogne si son ventre crie famine. Pendant le grand hiver de 1879-1880, des Loups sont venus, la nuit, à l'abattoir même d'Argenton, se repaître de tripailles jetées au fumier; on en a vu, dans une ville voisine, tirant sur des quartiers de Bœuf suspendus aux murs d'une boucherie mal fermée. Pendant les périodes de famine, ils cherchent à s'introduire dans une bergerie et s'ils y parviennent, c'est presque toutes les bêtes qu'elle contient qui sont massacrées. Leur dernier exploit de ce genre ne date pas de longtemps, et même cette fois ce n'est pas la famine résultant d'un hiver rigoureux qui les poussa au meurtre. Le journal cynégétique *Le Saint-Hubert-Club illustré* annonce en effet que le 11 septembre 1926 dans le département de la Charente, au village de la Frénéde, commune d'Hiesse, un ou deux Loups ont eu l'audace et l'habileté de s'introduire dans une bergerie. Les Moutons, affolés, se sont enfuis. Les fauves ont rejoint plusieurs fois le troupeau en désordre, et, à chaque attaque, ont étranglé une Brebis. Au matin, onze cadavres marquaient la route suivie par les bêtes en fuite; celles qui avaient échappé furent trouvées plus mortes que vives aux environs de la propriété.

Souvent, des troupeaux étaient presque anéantis lorsqu'ils étaient attaqués par plusieurs Loups. Il y a quelque soixante ans, la plupart des bergères étaient armées d'un pistolet à un coup qu'elles chargeaient seulement avec de la poudre, et alors que j'étais enfant, ma première arme à feu fut une pétoire de ce genre. Quand une gardienne de troupeau tenait par une patte le Mouton qu'un Loup avait saisi à la gorge, un coup de feu tiré même sans projectile faisait bien plus d'effet qu'un coup de bâton. Nombreuses étaient à cette époque les bergères qui, à coups de trique ou de sabot, faisaient lâcher prise à l'agresseur ; leurs Chiens, forts et bien dressés, n'hésitaient pas à prendre part à la lutte. Du reste, dans les campagnes du Bas-Berry, ainsi que dans maintes régions de France où il y avait des Loups, les cultivateurs leur couraient sus aussitôt qu'ils avaient connaissance que leurs bêtes, quelles qu'elles fussent, étaient attaquées.

Le Loup se nourrit d'animaux sauvages ou domestiques. Les jeunes Cerfs, les Chevreuils, les petits Sangliers sont ses victimes. Il prélève un lourd tribut sur les animaux des fermes et des villages. Il tue des Chiens, des Moutons, Chèvres, Anes, jeunes Chevaux et jeunes Bœufs, Porcs, Oies, Dindons, Poulets et Canards. Deux ou trois Loups réunis peuvent étrangler un Bœuf, une Vache, aussi un Cheval ou une Jument, surtout si ces derniers portent des entraves qui ne leur permettent pas de s'enfuir. Certains naturalistes ont affirmé qu'il dévore les Renards, et, chez moi, j'ai entendu dire à des cultivateurs que si les Renards pullulent actuellement, c'est parce qu'il n'y a plus de Loups.

Mais ce grand Canidé n'hésite pas à s'attaquer à l'homme lui-même, lorsqu'il est poussé par la faim ; il peut même prendre goût à la chair humaine, ainsi que cela eut lieu autrefois pour le grand Loup, resté légendaire par ses terribles exploits, connu sous le nom de *Bête du Gévaudan*, car c'est dans cette contrée, et aussi le sud de l'Auvergne, qu'il tua et dévora le plus de personnes.

En juin 1764, une bête féroce attaqua, près de Langogne, à environ six lieues au nord-est de Mende, une femme qui gardait des Bœufs ; mais ces derniers se précipitèrent sur l'agresseur qui prit la fuite, non sans avoir déchiré une partie des vêtements de celle dont il voulait faire sa victime. Ce fut le premier contact de la bête avec les humains, dont elle allait faire une véritable hécatombe.

Dire le nombre exact des personnes qu'elle tua et blessa en trois années est impossible, les auteurs qui ont écrit sur cette bête n'étant pas d'accord sur ce point. Les uns parlent d'une soixantaine de morts, les autres de plusieurs centaines, ce qui n'est pas assez et beaucoup trop.

L'abbé Pourcher, curé de Saint-Martin-de-Boubaux (Lozère), eut la patience de rechercher à la Bibliothèque nationale, et dans nombre d'archives de grandes villes de la région, principalement dans celles de Montpellier, ainsi que dans les registres paroissiaux des villages où l'animal tua des personnes, toutes les pièces officielles concernant les victimes, l'organisation des battues, les dépenses faites pour les organiser et pour l'entretien des troupes. Ce petit livre de forme cubique, qu'il imprima et brocha lui-même en 1889, a plus de mille pages, et est, du commencement à la fin, extrêmement intéressant. Je crois que c'est ce qui a été fait de mieux sur l'animal qu'on appela la *Bête du Gévaudan*, qui n'était sans doute qu'un énorme Loup ayant un faible pour la chair des femmes et des enfants faciles à rencontrer et qui ne pouvaient, la plupart du temps, lui opposer qu'une faible résistance.

Ce Loup, si c'en est un, et je le crois, ne pouvait dévorer entièrement ses victimes, et on en trouvait les restes. On constate dans le livre de l'abbé Pourcher, que des enfants de 10 à 15 ans ont été en partie dévorés ; d'autres, presque entièrement. Un ou plusieurs Loups ont pu se repaître des restes, trouver bonne cette chair en partie revêtue de vêtements, s'habituer à ces vêtements, désirer ce qu'ils couvraient, et eux aussi ont pu attaquer des jeunes filles, des femmes, surtout des enfants et les tuer pour se nourrir.

Mais il est à remarquer que la bête agissait toujours seule ; il faut donc croire que si certains Loups l'imitèrent, ils agirent eux-mêmes isolément. C'était des solitaires du meurtre, n'agissant pas en bandes comme le font si souvent les Loups dans les pays où ils abondent.

Mais en cette circonstance, il faut juger les choses, non en historien comme l'abbé Pourcher, mais en naturaliste cherchant à dégager l'inconnue de ce problème posé par la bête. Il y a eu, dans la longue durée des meurtres, quelques périodes de repos. S'il y avait eu plusieurs Loups s'attaquant à l'espèce humaine, là ou là ils auraient fait parler d'eux. Pendant les trois années que durèrent les ravages, plus de cent cinquante Loups furent tués dans la région parcourue par la bête. Après la mort du grand Loup tué par Antoine, et qu'on croyait être l'animal dangereux, il y eut repos. Pourchassée, comme les autres, la bête devait à ce moment se substanter d'animaux domestiques ou sauvages, et quand les attaques contre les personnes recommencèrent, ce fut en nombre jusqu'à la mort du grand Loup qu'abattit Jean Chastel. Après que ce Loup fut tué, les meurtres cessèrent aussitôt et ne se renouvelèrent pas. Il est donc à peu près certain qu'il n'y eut qu'un seul Loup anthropophage, car je crois que la bête était bien un Loup, un Canin par conséquent ; mais cet animal, s'il faut s'en rapporter exactement aux différents textes donnant son histoire, avait parfois les gestes d'un Félin.

Un coup d'une des pattes de devant, appliqué sur la tête d'une personne et lui rabattant la plus grande partie du cuir chevelu sur la face, ne peut être le fait d'une patte de Loup qui n'a guère, les doigts très écartés, que dix centimètres et demi de largeur. De plus, les ongles du Loup qui dans la marche touchent le sol, car on voit très bien leur empreinte, sont plus ou moins émoussés et non aigus comme ceux qui arment la patte d'un Félin aux ongles rétractiles. Il y a eu certainement exagération dans la forme des blessures et dans leur ampleur en ce qui concerne les coups de patte.

On a dit que Buffon avait vu les restes de la bête tuée par Chastel et déclaré que c'étaient ceux d'un Loup de grande taille ; mais de ce témoignage du grand naturaliste, l'on n'a aucune certitude absolue.

Le Loup tué par Antoine pesait 130 livres, celui de Jean Chastel 109 livres. A cette époque, si la livre équivalait à 489 de nos grammes et non à 500 comme actuellement, le poids de ces animaux n'avait rien d'exagéré. Comme M. E. de la Besge a tué en forêt de Bel-Air, en 1895, un Loup qui pesait 128 livres (1), le poids de ceux abattus

(1) J. TRIPIER: *Les derniers Loups de France.* Revue d'Histoire naturelle appliquée (première partie). Vol. VII, avril 1926.

par Antoine et Chastel n'a, je le répète, absolument rien d'exagéré.

Peu après l'attaque de Langogne, dont j'ai parlé plus haut, une fillette de 14 ans fut tuée et en partie dévorée, près du village des Habats, paroisse de Saint-Etienne-de-Lugdarès ; c'était le 3 juillet 1764, et cette petite fille fut la première victime humaine de la bête.

Dans ce récit, je ne parlerai que très peu des personnes blessées, qui furent nombreuses, mais seulement des morts. Une fille de 15 ans fut tuée le 8 août, et, vers la fin du mois, un garçon de 15 ans également. Au commencement de septembre, un jeune garçon est tué ; le 6, une femme de 36 ans ; le 16, un jeune garçon ; un fillette de 13 ans, le 26 septembre. En octobre : le 7, une fille d'environ 20 ans ; le 15, un enfant de 10 ans ; le 19, une fille de 20 ans. Toutes ces personnes furent tuées en Gévaudan et plus ou moins entamées par la bête.

Il est difficile de se rendre compte exactement du nombre des morts, car les pièces officielles ne s'accordent pas ; je ne signale que les victimes dont la fin est bien certaine.

Il y eut assurément d'autres victimes en novembre ; je cite la mort d'une femme de 60 ans, le 25 du mois. En novembre, la bête est signalée comme ayant tué des personnes en Auvergne et en Rouergue. Après la fin du mois, la bête ne se montra pas jusqu'au 21 décembre ; ce jour-là, elle tua une fillette de 12 ans, et, le lendemain, une jeune fille, dans le sud de la province d'Auvergne.

Quand les gens devinrent affolés par les ravages de cette bête féroce, un détachement de dragons des volontaires de Clermont, commandé par le capitaine Duhamel, exécuta de nombreuses battues avec l'aide des populations, se rendant constamment d'un point à un autre, presque partout où l'on signalait des victimes. Des châtelains de la région s'en mêlèrent avec leurs meutes. Vers la fin de 1764, soixante-quatorze Loups avaient été tués ; mais les ravages continuaient.

Le 24 décembre, la bête dévora un jeune garçon, et deux ou trois jours après un petit berger ; le 27, à deux lieues de Mende, elle dévora en partie une fille de 19 ans.

Parfois des Bœufs s'élançaient sur la bête, les cornes menaçantes, pour secourir les enfants qui les gardaient.

Tout à la fin de décembre, une fille est tuée en Rouergue.

Les signalements les plus fantastiques de la bête étaient donnés, presque tous différents les uns des autres ; c'était « un animal inconcevable, un Loup-Garou, un sorcier, le diable en personne, etc.». Les dragons et douze cents paysans battaient le pays !

Le 1ᵉʳ janvier 1765, la bête tue un jeune homme de 16 ans ; peu après, une fille de 21 ans, et même un homme.

L'évêque de Mende ordonna des prières publiques.

Le 6 janvier, la bête tuait une femme dont elle n'eut sans doute pas le temps de se repaître, car le même jour elle dévorait une fille en Auvergne. Le lendemain, c'est encore une fille qui est tuée en Gévaudan, près des limites de l'Auvergne.

Ce fut le 12 qu'elle attaqua sept enfants du Villaret, paroisse de Chanaleilles, dont cinq garçons et deux filles, et saisit l'un des plus petits ; mais les trois plus grands garçons, dont le jeune Portefaix, furent héroïques et mirent la bête en fuite, non sans qu'elle ait blessé, mais peu grièvement, plusieurs des sept enfants. Dans ce combat, dont l'abbé Pourcher donne tous les détails, l'animal semble se conduire comme un Loup, car un Félin aurait donné des coups de patte et joué des griffes.

Le 12 janvier, après son combat avec le jeune Portefaix et plusieurs de ses camarades, elle tua un jeune garçon de 15 ans à peu de distance du lieu de la lutte. Le 15, en Auvergne, elle tua une fille d'environ 20 ans. Le 18, elle attaqua trois hommes armés de piques, qui s'en défendirent et constatèrent qu'elle était d'une agilité surprenante, sautant en l'air, s'aplatissant par terre, gestes plutôt d'un Félidé que d'un Canidé ; mais un Loup peut aussi faire cela. Ce qui est encore bien d'un Loup, c'est qu'il est dit plusieurs fois que la bête a détaché la tête de sa victime en s'en repaissant, et le plus souvent les Loups font ainsi.

Le 22 janvier, une femme de 35 ans fut tuée dans la paroisse de Lorcière ; le lendemain, on trouva son cadavre en partie déchiqueté, avec, là encore, la tête séparée du tronc. Le 23, près de Saugues, elle saisit dans une cour un enfant de 3 ans et l'emporta. Fin janvier, elle tua une femme.

Les courses de la bête s'étendaient sur plus de quarante lieues. De formidables battues furent organisées ; vingt mille hommes y prirent part ; plus de cent paroisses y participèrent. On raconta que la bête avait été blessée ; mais il n'y paraissait guère, car le 1er février elle emportait un jeune enfant près de Marvejols, lorsqu'un Chien de parc le lui fit lâcher ; la petite victime fut grièvement blessée.

Le 9 février, elle détacha la tête à une jeune fille de 14 ans, en Gévaudan.

La région vivait de plus en plus dans la terreur de la bête. M. Denneval, gentilhomme normand, qui avait détruit environ douze cents Loups en Normandie et dans les provinces voisines, fut envoyé en Gévaudan par le roi, où son fils amenant ses meilleurs Chiens le rejoignit.

Le 13 février, en Gévaudan, la bête blessa un enfant que sa mère défendit avec courage, mais qui mourut trois jours après. Le 14, elle mangea un enfant en Auvergne et peu après, un autre enfant fut encore dévoré. Deux femmes étaient blessées grièvement et envoyées à l'hôpital de Saint-Flour.

Les gens voyaient la bête sous différents aspects : « elle est haute comme un Veau d'un an, fort allongée de corps et de tête, les oreilles courtes ; elle est rousse de partout, excepté une raie brune sur le dos ; la queue fort longue et dont elle joue comme un Chat qui cherche à se jeter sur sa proie. » On raconte qu'elle exhale une mauvaise odeur ; qu'elle est plus grande et plus forte qu'un Loup. On dit aussi qu'elle se bat à coups de griffes et souffle avec véhémence au visage. S'il en était vraiment ainsi, ce serait bien là façons de Félin ; mais il faut tenir compte de la frayeur des gens au moment de l'attaque, qui certainement leur faisait perdre en partie la notion exacte des choses. On pousse l'ignorance jusqu'à voir en cet animal un hybride de Loup et d'Ours !

Les Denneval eurent bientôt des démêlés avec Duhamel, chef des dragons ; cependant, les chasses continuèrent. La tête de la bête fut mise à prix par le roi.

J'ai bien noté les lieux et les paroisses où les meurtres furent commis ; mais les citer tous m'entraînerait trop loin.

Le 24 février, une fillette de 8 ans était dévorée.

Le 4 mars, la bête tua une femme de 40 ans, en Auvergne, et sur le cadavre elle préleva son repas. Le 8, elle mangea un enfant de 10 ans. Les termes que j'emploie, manger, dévorer, veulent dire, bien entendu, que l'animal prélève une partie de la chair de ses victimes et laisse le reste sur place.

Le 9 mars, elle emportait un enfant quand le père le lui fit lâcher; le petit guérit de ses blessures. Mais le même jour, elle tuait et dévorait une fille de 21 ans, en Auvergne; le 11, une fillette de 5 ans était prise sous un hangar, en Gévaudan, et dévorée. Peu après, elle blessait plusieurs jeunes garçons, un homme, un berger qui fut défendu par une Vache, et enfonçait ses griffes dans la gorge d'une femme. Si c'est un Loup, il doit y avoir erreur pour ce dernier fait. La bête égorgea plusieurs animaux domestiques: Porcs, Moutons, etc., sans les dévorer, dit-on, ce qui doit être encore une erreur puisque la bête n'était pas enragée et tuait pour se nourrir.

Le 29 mars, elle dévorait un enfant de 10 ans, en Gévaudan; le 3 avril, un autre petit du même âge qui gardait des Vaches, mais qui ne fut pas défendu par ses bêtes. Le 4 avril, elle coupa la tête à une jeune fille, en Gévaudan; le 5, elle tua un jeune garçon; le 7, une fille de 17 ans; le 19, elle égorgea un enfant; le 20, un jeune garçon.

Le 2 mai, la bête tue une fille de 33 ans, en Gévaudan; le 19, une de 45 ans, aussi en Gévaudan; le 24, une fillette de 10 ans.

Le 22 mai, les Denneval annonçaient qu'ils avaient déjà tué dix-neuf Loups depuis leur arrivée; des gens prétendaient qu'ils n'en avaient tué aucun! La chicane se mettait de plus en plus parmi les chasseurs.

Le 28 mai, la bête attaquait un homme passant à cheval à la limite de l'Auvergne et du Gévaudan; elle le fit tomber à terre et l'aurait tué, s'il n'eut été promptement secouru.

Le 1ᵉʳ juin, elle dévora une petite fille de 11 ans, en Auvergne. Une fille, qui gardait du bétail avec la victime, se cacha dans les rochers où on la retrouva trois jours plus tard; malheureusement, elle était devenue folle. Peu après la bête tua une fillette de 13 ans. Elle attaqua une servante

qui gardait un Cheval, la jeta par terre d'un coup de patte
— geste de Félin — et la saisit au cou avec ses dents ; la
personne fut secourue, mais elle mourut peu après. Une
fillette de 10 ans qui gardait des Bœufs, reçut un coup de
griffes à l'épaule gauche — encore un geste de Félin — ;
mais ses Bœufs la dégagèrent et l'agresseur s'enfuit. Une
petite fille gardant des Porcs fut attaquée par l'animal
féroce ; mais ses animaux la défendirent, puis sa mère
qui accourut à ses cris.

C'est en juin 1765, que Louis XV fit appeler, à son
palais de Versailles, Antoine de Bauterne, son lieutenant
des chasses et son porte-arquebuse, qui reçut l'ordre de
partir le 8 juin pour le Gévaudan et l'Auvergne. Plusieurs
princes lui prêtèrent leurs meilleurs Chiens. Le 22 juin,
Antoine, accompagné de son fils, de dix-huit gardes-chas-
ses et de Chiens, arriva sur les lieux où la bête avait fait
ses dernières attaques. Il coucha au Malzieu et se mit en
chasse dès le lendemain. Les Denneval quittèrent le Malzieu le 18 juillet, et peu après partirent définitivement.

Le 4 juillet, la bête attaqua une femme de 55 ans, qui
était assise et filait en gardant ses animaux ; elle lui perça
la gorge à coups de dents, et lui déchira avec les ongles
les deux joues dont presque tous les muscles furent déta-
chés — geste de Félin — ; elle l'étrangla et partit à l'arrivée d'une petite fille qui poussait des cris. Inhumée à
Lorcières, elle est portée sur le registre paroissial comme
ayant 68 ans et non 55. Le 22, un enfant est dévoré, et
un autre le 29.

Le 9 août, une fille de 20 ans est égorgée.

On dit la bête plus grosse du devant que du derrière,
ce qui est bien un peu d'un Loup. Mais avant, on avait
dit le contraire !

Au commencement de septembre, un garçon de 14 ans
fut dévoré ; quelques jours plus tard, une fillette de 12 ans
eut le même sort ; le 13 septembre, une autre fillette d'une
douzaine d'années fut tuée.

Le 21 septembre 1765, Antoine, accompagné de ses hommes, et d'une quarantaine de chasseurs de Langeac, tira sur
un grand Loup qui tomba ; mais la bête se releva et M. Rin-
chard, qui était près d'Antoine, lui envoya un coup de fusil.
Blessée à mort par les coups de feu qu'elle venait d'es-

suyer, elle tomba à quelques pas de là pour ne plus se relever. C'était un Loup d'une grosseur extraordinaire, pesant 130 livres, le plus gros qu'Antoine ait jamais vu. Il pensa aussitôt que ce Loup formidable pouvait bien être la bête féroce qui terrorisait le Gévaudan et les régions voisines. Sept ou huit personnes attaquées par la bête la reconnurent en ce Loup ; c'est dans les bois de la réserve des Dames de l'abbaye royale des Chazes que l'animal fut tué.

Le cadavre du Loup fut couduit à Clermont, en Auvergne ; on crut que c'était la bête. Antoine fils fit empailler tant bien que mal ce Loup — et il estimait qu'il faudrait deux ou trois jours pour le préparer, ce qui était un délai trop court, car un montage sérieux ne se fait pas aussi vite —, afin de le montrer plus tard au roi. Préalablement, l'autopsie avait été faite par des médecins de Clermont, qui trouvèrent dans l'estomac du Loup des os de Mouton (on voit qu'il ne mangeait pas que des gens) et des lambeaux d'étoffe rouge. Quarante dents à la mâchoire, muscles du cou énormes. Les dents avaient été mal comptées, car le Loup en a vingt au maxillaire supérieur et vingt-deux au maxillaire inférieur, ce qui fait un total de quarante-deux dents. Les yeux étaient si étincelants, qu'il n'était guère possible d'en soutenir le regard. Or, tout le monde sait que les yeux se ternissent très vite après la mort. Sa queue était d'une longueur et d'une grosseur incroyables ! Son aspect était celui d'une bête terrible.

Depuis la mort de ce Loup, aucun meurtre n'avait été commis par l'animal qu'on appelait la Bête. Elle ne paraissait plus, et le pays pensait en être délivré ; mais beaucoup de personnes n'étaient pas convaincues que ce Loup était celui qui avait commis tant de ravages.

Le fils d'Antoine arriva à la cour, à Versailles, dans le commencement d'octobre ; Louis XV fut persuadé que le Loup tué par son père était bien la bête néfaste, puisque les attaques contre les gens avaient cessé en Gévaudan et en Auvergne.

Cependant, des personnes prétendaient avoir revu la bête ; pourtant, à la fin d'octobre, la sécurité continuait. Antoine père annonça donc en Auvergne et en Gévaudan qu'il partirait le 2 novembre pour reprendre, à Fontainebleau, son service près du Roi, au moment des grandes chasses. Louis XV récompensa Antoine et son fils.

La bête avait-elle été effrayée et fatiguée par les poursuites continuelles dont elle était l'objet et se nourrissait-elle çà et là d'animaux sauvages ou domestiques? C'est probable, car, sans doute tranquillisée par le silence qui régnait dans les grands bois qu'elle fréquentait, elle ne tarda pas à reprendre son assurance et à continuer la série de ses méfaits.

Le 10 décembre 1765, elle recommença ses attaques contre des personnes qui surent s'en défendre ; puis elle blessa un jeune homme dans la paroisse de Paulhac.

La fille Mourgues, âgée de 11 ans, de Marcillac, paroisse de Lorcières, fut dévorée le 21 décembre. Quelques jours après, à Julianges, la bête dévora une fille de 14 ans.

Dès le début de 1766, la terreur régnait à nouveau sur le pays de Gévaudan et aux alentours.

Il ne semble pas y avoir eu de meurtre en janvier. Le 12 février, un jeune garçon fut attaqué, mais sauvé par ses Vaches. Le 14 février, une femme était attaquée et blessée près de Lorcières.

Des battues furent organisées ; on tua encore des Loups.

Le 4 mars, un enfant de 8 ans fut tué dans la paroisse de Saugues Le 14, dans la paroisse de Saint-Privat-du-Fau, la bête saisit une petite fille de 8 ans, tout près de sa maison, l'éventra et la traîna à une demi-lieue ; ce fut le père de la victime qui trouva et rapporta son cadavre. Le 19, entre Ally et la Salsette, un vieillard fut attaqué, mais sauvé par un passant après avoir eu ses effets déchirés.

A cette époque, de différents points de la France on signalait des Loups enragés, qui attaquaient et mordaient jusqu'à vingt personnes le même jour. La Bête du Gévaudan, elle, tuait, comme je l'ai dit, pour se nourrir, et continuait ses terribles exploits.

Vers la fin de mars, une petite fille de 12 ans était dévorée dans la paroisse de Grèzes.

Pendant le printemps et une partie de l'été de 1766, la bête, traquée partout, sembla cesser ses attaques.

En août, cependant, aux environs du Pavillon, elle attaqua des Chèvres et sauta sur la petite bergère qu'elle dévora en partie. Peu après, elle mangea une petite fille de Mey-ronnenc.

Le 13 septembre, un jeune homme était tué près de Paulhac. Ensuite, une fille habitant près d'Esplantas fut dévorée par la bête ; une femme fut tuée non loin de la Besseyre-Saint-Mary.

Pendant l'automne, la bête continua ses meurtres. Le 1er novembre, un enfant de 12 ans, de Souchère, fut dévoré ; quelques jours après, une fille de la paroisse du Malzieu, âgée de 15 ans, fut aussi tuée et dévorée ; puis ce fut une fillette qui était sur un rocher de Rocheberne, sans doute occupée à garder des animaux.

Dans le printemps de 1767, la bête causa de nouveaux désordres en différents endroits. Le 28 mars, elle dévorait, dans la paroisse de la Besseyre-Saint-Mary, une fillette de 9 ans ; le 5 avril, même paroisse, la petite Jeanne Poulet était dévorée. Le 10 avril, un enfant de 9 ans fut tué et en partie dévoré ; ses restes furent inhumés à Saint-Privat-du-Fau.

On mit partout des appâts empoisonnés.

Le 17 avril, une fille du Ménial fut égorgée et dévorée. Le 5 mai, on enterrait, à Grèzes, Marie Bastide, âgée de 48 ans, qui avait été égorgée par la bête. Le 16 mai, une fille de 12 ans était dévorée sur la paroisse de la Besseyre-Saint-Mary.

Puis, ce furent plusieurs enfants dont les noms ne sont pas portés aux registres, mal tenus sans doute, qui furent tués aux environs de Grèzes. Une femme de 40 ans fut tuée par la bête sur la paroisse de Saugues.

Partout on disait des prières ; on organisait des pèlerinages aux sanctuaires réputés et surtout on multipliait les battues.

Le 19 juin 1767, trois cents chasseurs étaient dispersés dans les bois de la Ténazeire. Un habitant de la Besseyre-Saint-Mary, Jean Chastel, encore bon tireur malgré ses 60 ans, était posté sur la Sogue-d'Auvert, près de Saugues, quand la bête vint vers lui ; il tira dessus et la tua. C'était un gros et grand Loup rougeâtre, à tête énorme et à museau allongé, qui pesait 109 livres.

M. d'Apcher avait dirigé cette chasse ; le cadavre du Loup, attaché sur un Cheval, fut conduit au château de

Besque, en Auvergne, près des limites du Gévaudan. C'est
là qu'il fut embaumé par un chirurgien-apothicaire, qui se
contenta de sortir les viscères du coffre et de les remplacer
par de la paille ! On trouva, dans l'estomac, l'os brisé d'une
épaule d'une jeune fille qui avait été dévorée par ce Loup,
près de Pébrac, moins de vingt-quatre heures avant qu'il
soit abattu par Chastel.

On eut l'idée de faire voir le cadavre du Loup à Louis XV,
mais il se putréfia en cours de route. Arrivé à la Cour, on
présenta Chastel au roi qui se moqua de lui et donna l'ordre d'enterrer la bête. Le chasseur ne fut aucunement
récompensé par le monarque ; mais plus tard, les commis-
saires du diocèse de Mende lui firent délivrer une gratifica-
tion de 72 livres « pour avoir tué, le 19 juin 1767, dans
une chasse exécutée sur les ordres et sous la direction de
M. le marquis d'Apcher, une bête qu'on présume, attendu
la suspension des malheurs depuis ledit temps, être celle
qui les causait ». On lui accorda encore d'autres petites
gratifications.

Après la mort de ce Loup, on n'entendit plus parler,
dans la région ravagée ni dans les contrées limitrophes,
de meurtres de personnes par une bête féroce.

Il est donc plus que probable, certain même, que le
grand Loup tué par Jean Chastel était bien la bête terrible qui terrorisa les habitants du Gévaudan et des pays
voisins pendant trois années.

Mais avant, dans ces mêmes provinces, on avait vu des
Loups tuer et dévorer des hommes, et surtout des femmes
et des enfants, pendant huit années, et le souvenir en avait
été conservé de génération en génération, jusqu'à la venue
de la bête qui les dépassa tous en férocité.

Je viens de condenser le plus possible le récit de la terrible randonnée du Loup du Gévaudan, si sanglante qu'elle
est entrée dans l'Histoire.

Décrire les drames qui ont suivi, après cette époque déjà
lointaine, par le fait de Loups s'étant jetés, en France ou
ailleurs, sur quelque représentant de l'espèce humaine pour
s'en nourrir, serait fastidieux et nécessiterait de longues
recherches.

Cependant, je ne dois pas omettre de citer un article de
M. Albert Hugues, paru dans le numéro d'avril 1924 de
la Revue ayant pour titre *Le Saint-Hubert-Club illustré :*

« Peu d'années avant la chute de Napoléon, les Loups
infestaient notre pays. L'un d'eux se rendit célèbre de 1809
à 1812 sous le nom de *Bête du Gard ou des Cévennes ;* ses
meurtres se comptent bien par dizaines. La chronique s'est
peu étendue sur ses exploits ; l'heure était tragique et l'Em-
pereur n'aurait pas toléré que l'épouvante des Cévenols se
répandit, par la voie de la presse, aux autres régions du
pays qu'il gouvernait. Quelques petits bergers qui avaient
arraché aux dents de la *Bête du Gard* un frère, une sœur,
ou un camarade, reçurent du Ministre de l'Intérieur une
récompense de 100 francs. »

Si l'on remonte à cinquante ans en arrière de l'époque
actuelle, on ne voit plus, jusqu'à maintenant, que des attaques de plus en plus rares de Loups contre des humains.
Et si l'on consulte le journal cynégétique *La Chasse illustrée* pour les années 1877 à 1881, on n'y trouve que des
agressions ressemblant bien plus à des combats entre l'animal et l'homme, qu'à des meurtres causés par un goût pro-
noncé de la bête pour la chair humaine.

En décembre 1887, dans le département de la Côte-
d'Or, un Loup, sortant d'un bois entre Vielverge et Flam-
merans, tomba sur un cultivateur qui coupait du maïs,
le terrassa et le mordit à une main. Puis il se jeta sur un
petit pâtre qui gardait des Bœufs et lui fit cinq blessures ;
des travailleurs accoururent et le Loup s'enfuit. Le lendemain, dans une battue, on ne retrouva pas l'agresseur, mais
on découvrit le cadavre en partie dévoré et encore saignant
d'un Chien, probablement victime de ce Loup. Ce n'était
sans doute pas encore un mangeur d'hommes, et puisqu'il
trouva une bête il la préféra.

En janvier 1878, dans les Ardennes, un facteur qui traversait le bois de Vendresse fut attaqué par un Loup dont
il eut peine à se défendre.

En mai 1879, près de Bélâbre, dans l'Indre, une Louve,
qui avait déjà attaqué des Chevaux, mordit à la main gauche, au bras gauche et à la cuisse droite, M. Dallais, garde-
particulier, qui se portait au secours d'un garçon de 14 ans

qu'elle attaquait ; il eut la force de lutter avec la Louve et de la tuer avec son couteau, car il l'avait préalablement blessée de deux coups de feu.

En octobre 1879, dans la Lozère, un Loup attaque un homme de 50 ans, lui fait de graves blessures sur tout le corps et s'enfuit à l'approche de plusieurs bûcherons.

Le 24 du même mois, à 8 heures du soir, dans la Sarthe, aux environs de Sillé-le-Guillaume, un homme et une femme furent attaqués par trois Loups. L'homme se défendit à coups de canne et la femme s'évanouit. Un des Loups se jeta sur cette dernière et la mordit cruellement. Des fermiers se portèrent à leur secours et mirent les Loups en fuite. La femme succomba peu après.

En janvier 1880, dans le Morbihan, une petite fille fut égorgée par un Loup dans la grange d'une ferme et en partie dévorée. Le père de la victime, entrant dans la grange au retour de son travail, fut presque renversé par le Loup qui s'enfuit rapidement.

Bien près de l'époque actuelle, des personnes furent victimes de la voracité des Loups. Le journal *Le Petit Parisien*, dans son numéro du 27 janvier 1914, cite le fait suivant : « Périgueux, le 26 janvier. Une petite fille de 8 ans, dont les parents sont cultivateurs dans les environs de la Coquille, a été dévorée par les Loups au moment où elle traversait un bois, en revenant de classe, vers 8 heures du soir. On ne retrouva que quelques ossements, des fragments de vêtements et le petit panier de la victime. »

Le bruit courut qu'un drame de ce genre aurait eu lieu en Vendée il y a trois ou quatre ans ; mais informations prises par M. Ballereau, mon collègue de la Société Nationale d'Acclimatation, et enquête sérieuse, il fut reconnu que c'était une erreur.

Il semble bien, comme l'a écrit M. J. Tripier dans son remarquable article sur *Les derniers Loups de France*, que l'être humain qui périt le dernier sous la dent des Loups fut une vieille femme dévorée par eux le 2 octobre 1918, près de la Chapelle-Montbrandeix, à 10 kilomètres à l'ouest de Chalus, dans le département de la Haute-Vienne.

Parfois, si l'on avait affaire à un Loup audacieux et facilement irritable, on n'était pas même en sécurité chez soi, ainsi qu'en témoigne le fait suivant, qui s'est passé jadis

dans la commune de Luzeret, canton de Saint-Gaultier
(Indre), et que m'a raconté l'un de mes meilleurs amis,
M. Maxime Dubray, qui le tenait de son grand-père, M. le
docteur Duvignaux, que j'ai connu dans ma jeunesse.

Un vieux cultivateur, encore très robuste, habitait seul
avec sa femme à la Tuilerie de Luzeret, à 300 mètres du
village. Une nuit, il entendit du bruit semblant provenir
d'un réduit où il avait des Canards. Son Chien aboyait
bruyamment, mais les aboiements se changèrent bientôt
en cris de détresse. Le cultivateur se leva aussitôt, ouvrit le
vantail de sa porte, et, se rendant compte qu'un Loup
était en train d'étrangler le gardien de sa petite ferme, il
se mit à crier après la bête sauvage, qui tout de suite lâcha
le Chien et bondit par-dessus la partie inférieure de la porte,
renversant l'homme et le couvrant de morsures d'autant
plus cruelles qu'il n'avait pour tout vêtement que sa che-
mise. La femme, terrorisée, ne bougeait pas du lit, mais
son mari lui cria de saisir une cognée qui était dans la
chambre et de frapper le Loup qu'il était parvenu à mettre sous lui. La femme vint alors à son secours, tapant sur
le Loup autant qu'elle le pouvait. Quand l'homme sentit
la bête faiblir, il se releva, saisit l'arme et acheva l'animal.
Couvert de blessures, saignant de partout, l'homme s'abattit sur le lit et la femme alla demander du secours au village. Aussitôt, un jeune homme sauta à cheval et alla
chercher le docteur Duvignaux, qui se rendit immédiatement au chevet du blessé. Le médecin vit le Loup dans la
chambre, où il gisait dans une mare de sang ; il donna les
meilleurs soins à la victime de ce drame extraordinaire,
laquelle se remit peu à peu de ses graves blessures.

Qu'un Loup fasse la rencontre d'un Chien hydrophobe
qui a quitté ses maîtres et est devenu errant, *poussé par le
mal* ainsi qu'on a coutume de le dire dans nos campagnes,
et aussitôt, si l'animal sauvage a faim, une bataille s'en-
gagera, dans laquelle fatalement le Chien aura le dessous.
La victime deviendra en partie la proie du Loup ; mais
elle aura, en se défendant, inoculé à son bourreau l'horrible
mal. Après une période d'incubation plus ou moins longue,
l'agresseur deviendra enragé à son tour, se jettera sur les
bêtes et les gens avec la grande force musculaire dont il

dispose, et sa puissante mâchoire pourra causer d'atroces blessures, d'autant plus dangereuses que la rage peut s'en-suivre chez les victimes.

Jadis, il était presque de tradition d'étouffer entre deux matelas les personnes atteintes de la rage. Dans ma région du Bas-Berry, la dernière victime de ce barbare procédé fut un jeune homme des environs de Chabenet, près d'Argenton. Ce fait, qui remonte à plus d'un siècle, m'a. été conté bien souvent dans mon enfance. Mais on essayait toujours de prévenir la rage chez les blessés, soit par des cautérisations faites par des médecins, soit en les conduisant chez des guérisseurs qui soignaient ce genre de blessures, et les campagnards et même les citadins avaient souvent plus confiance dans les soins empiriques que dans la science des médecins. Depuis les admirables découvertes de Pasteur, on empêche la rage de se déclarer chez la plupart des personnes mordues par des Loups, des Chiens, des Chats ou autres animaux atteints d'hydrophobie, à condition que les injections antirabiques de virus atténué ne soient pas faites trop tard. Autrefois, toute personne mordue vivait dans une appréhension cruelle pendant des semaines et des mois. Qu'on se figure l'état d'esprit d'hommes, de femmes ou d'enfants apprenant que telle ou telle personne, mordue le même jour qu'eux, venait de succomber aux atteintes de la rage! J'ai connu des gens qui, blessés depuis des années, n'aimaient pas qu'on leur parle de leur rencontre avec l'animal hydrophobe qui les avait mordus.

Nombreux ont été les drames de ce genre causés par des Loups. J'en décrirai seulement deux dans tous leurs détails. Le premier eut lieu en 1839 et le second en 1878. J'ai été mêlé à ce dernier alors que j'étais dans ma dix-neuvième année et m'en souviens comme si c'était hier, car, comme nombre d'autres, je fus de ceux qui partirent à la recherche de la bête enragée.

Pour le drame de 1839, qui eut lieu dans le département du Puy-de-Dôme, j'ai puisé mes renseignements dans *La Chasse illustrée* du 20 juillet 1878, numéro dans lequel M. Victor Tixier publia un long et très intéressant article sur le Loup enragé qui, le 19 décembre 1839, terrifia les habitants de plusieurs communes du canton de Saint-Ger-

main-l'Herm et de communes voisines. Désirant complé-
ter mes renseignements, je m'adressai en 1927 aux maires
de Saint-Germain-l'Herm, Aix-la-Fayette, Fournols-d'Auvergne et Chambon, ainsi qu'à M. l'archiviste départemental du Puy-de-Dôme, à Clermont-Ferrand.

A près de cent ans de distance, les principaux épisodes de
ce drame, transmis de génération en génération, ne sont
pas oubliés. J'ai obtenu quelques menus renseignements
des maires de plusieurs petites communes, et d'autres, beaucoup plus complets, de M. Michel Vaurillon, maire de
Saint-Germain-l'Herm et conseiller général du Puy-de-
Dôme, âgé de 72 ans en 1927, renseignements qu'il tient
de son père, de sa mère et de gens du pays depuis longtemps disparus. M. Fournier, archiviste départemental du
Puy-de-Dôme, m'a aussi fourni d'excellents renseignements
et m'a envoyé copie d'articles de journaux de ce département, datant de la fin de 1839 et de l'année 1840. Que
tous reçoivent ici l'expression de ma sincère gratitude.

C'est dans le massif accidenté qui sépare l'Allier de la
Dore, surtout aux environs d'Aix-la-Fayette, Fournols-
d'Auvergne, Chambon, Saint-Bonnet-le-Chastel et Saint-
Germain-l'Herm que le drame se déroula. Cette année-là,
le mois de décembre était peu rigoureux et les cultivateurs
pouvaient de temps à autre se livrer à leurs travaux ; des
bêtes même allaient aux champs, dans cette région élevée
qui d'ordinaire est couverte de neige en cette saison.

Le soir de la veille du drame, un médecin qui rentrait
à Fournols-d'Auvergne entendit les hurlements bizarres
d'un Loup, qui ne ressemblaient pas à ceux que poussent
d'ordinaire les animaux de cette espèce, qu'il avait du reste
bien souvent entendus, car à cette époque les Loups
n'étaient pas rares dans ce pays.

Le lendemain matin, 19 décembre 1839, les cultivateurs
se rendirent à leurs travaux ; des bestiaux furent mis au
pâturage.

Ce fut un homme venant de Poutignat qui donna l'alarme
à Saint-Germain-l'Herm vers une heure de l'après-midi,
racontant que Marie Magaud, qui gardait ses Vaches non
loin de chez elle, avait été blessée grièvement au visage
par un énorme Loup qui lui avait arraché une joue, et qui,
ensuite, avait mordu ses bêtes. Il est vraisemblable que

cette personne fut au nombre des douze qui moururent
hydrophobes, mais je n'ai pu en avoir la certitude. Trois
autres noms de victimes du Loup, mortes de la rage, me
manquent également.

Un cultivateur de Pégoire accourait aussi pour dire
qu'un Loup avait mordu une dizaine de Bœufs et de Vaches
et que le berger avait pu s'enfuir à temps pour éviter le
même sort que ses animaux.

Au Suc des Traux, Jean Monghal, âgé de 51 ans, maçon
de son métier, fut la seconde victime humaine ; cruellement
blessé à la figure, il mourut enragé à Saint-Germain-l'Herm
le 15 janvier 1840, vingt-sept jours après la morsure.
M. Vaurillon tient de sa mère, qui était jeune à l'époque
du drame et a assisté, avec des femmes et des jeunes filles
du voisinage, à la cérémonie de l'administration des derniers sacrements à ce malheureux, qu'elle fut fort effrayée
de voir soudain Monghal se dresser sur son lit où il était
ligoté, et chercher à se précipiter vers le prêtre qui lui
administrait les sacrements.

Un bûcheron de Champagnac-le-Vieux a été la troisième victime ; il fut mordu dans les bois de Malpertuis.
A son sujet, M. Vaurillon a appris, en 1927, de M. Vey-
rière, de Malpertuis, qui a des parents habitant non loin de
Champagnac-le-Vieux, que ce bûcheron est mort hydrophobe des suites de ses blessures.

Continuant à descendre au sud, le Loup atteignit les
hameaux de Losfont, du Montel et celui de Blanchard où
Paulet Antoine, scieur de long, se trouvait de passage.
Une lutte effroyable s'engagea entre la bête et l'homme.
Tenant la tête du Loup sous le bras gauche, Paulet ne par-
venait pas à prendre son couteau dans une de ses poches.
Du pas de leur porte, des gens avaient vu l'attaque ; Paulet leur demanda une arme, mais les spectateurs étaient si
effrayés que personne ne vint à son secours. La lutte se
poursuivit, et homme et bête tombèrent dans un petit
réservoir rempli d'eau, qui existe encore à l'époque actuelle ;
Paulet eut l'oreille gauche entamée. M. Vaurillon me com-
muniqua ces détails, qu'il tient de son père à qui le blessé
montra son oreille le jour de Noël en disant : « C'est un
gros Loup, bien féroce ; peut-être même est-ce une Louve »,
car l'homme, dans sa lutte avec la bête, n'avait assurément

pas constaté à quel sexe elle appartenait ; il croyait avoir été blessé à l'oreille par les ongles d'une patte du Loup et déplorait qu'on ne lui ait pas apporté une fourche Mais Paulet se trompait ; il avait bel et bien été blessé par les dents de la bête enragée, car avant la fin du mois suivant, entièrement nu il parcourait la campagne en criant : « Sauvez-vous ! Sauvez-vous ! Je suis enragé et vais me noyer ! » On le rattrapa difficilement et on ne put s'en emparer qu'en le faisant tomber à l'aide d'une entrave et en le roulant dans des draps de lit. Il succomba le 26 janvier 1840, à l'âge de 39 ans.

Trempé d'eau, le Loup abandonna Paulet, et, remontant rapidement vers Malpertuis et le Brément, il mordit le petit Jean Guillaume, âgé de 12 ans, un autre petit garçon, puis une nommée Communal, trois autres femmes dont la domestique d'un nommé Bonnette, laquelle eut les mains mordues et fut secourue par M. Rocher, habitant le village des Hayes, commune de Chambon, qui aurait tiré sur la bête, mais sans l'atteindre grièvement. Le petit Jean Guillaume mourut de la rage le 28 janvier 1840.

Du Brément — m'a écrit M. Vaurillon — le Loup alla vers l'ouest, passa à Charraux, commune de Saint-Bonnet-le-Chastel, où il mordit d'abord le jeune Jacques Feneyrol, âgé de 13 ans, qui avait une hache à la main, mais eut la malencontreuse idée de se désarmer en la jetant vers le Loup pour se défendre. M. Vaurillon tient ce dernier détail de Feneyrol André, son neveu, conseiller municipal à Saint-Germain-l'Herm. Puis le Loup se jeta sur Michelle Astier, veuve Nigon, âgée de 70 ans, qui était sortie de chez elle aux cris de détresse poussés par l'enfant ; il lui arracha une joue et attaqua André Nigon, âgé de 67 ans, homme courageux et fort qui entama contre lui une lutte vraiment épique. André Nigon vit tout de suite qu'il avait affaire à un animal enragé. Le Loup s'étant précipité sur lui il l'étreignit dans ses bras vigoureux et chercha à l'étouffer, tout en recevant d'atroces morsures ; il parvint à saisir son couteau, à l'ouvrir et à frapper violemment son cruel ennemi. Mais l'arme était presque inoffensive et il la jeta. Alors, cherchant à étrangler la bête, il lui plongea une main dans la gueule et eut le poignet et une partie de l'avant-bras hachés de multiples blessures. Nigon lâcha prise et perdit connaissance. Il mourut enragé le 16 janvier, Jacques Feneyrol le 24 et la veuve Nigon le 27, soit de vingt-huit à trente-neuf jours après le drame.

Le Loup remonta au nord, vers le village des Hayes, situé à environ deux kilomètres de Charraux ; il traversa donc les bois de Berny et de la Palle. Entre ce dernier bois et les Hayes, sur un terrain cultivé la femme Fourvel gardait un petit nombre de Chèvres et de Moutons ; elle avait sur les bras sa petite fille Anne, pliée dans ses langes. La bête furieuse tombe sur le troupeau qui se rabat vers la gardienne. Déposant son enfant sur le sol, elle frappe de ses poings l'agresseur qui mord férocement ses bêtes et qui prend à pleine gueule la petite Anne Fourvel, l'emporte à dix mètres et la lâche enfin pour revenir sur la bergère et son troupeau. La petite Anne n'eut aucun mal, vécut de nombreuses années et n'est morte que depuis peu de temps. Quant à sa mère, elle fut mordue aux mains, qui n'étaient protégées que par des mitaines. M. Vaurillon croit que c'est elle qui portait le surnom de Cantalette, laquelle, d'après l'article de M. Victor Tixier, cautérisa elle-même ses plaies à l'aide d'huile bouillante. Mitaines et huile la sauvèrent de la contagion.

Tout près de là, Jacqueline Bion, épouse Petit, mère de huit enfants, fut mordue à la lèvre inférieure et aux mains. M. Vaurillon m'a écrit que cette femme mourut hydrophobe peu de temps après l'attaque du Loup, et il tient ce dernier détail de M. Claudius Petit, petit-fils de la victime, conseiller municipal et conseiller d'arrondissement de Saint-Germain-l'Herm.

Trois autres personnes, dont je n'ai pu avoir les noms, furent encore mordues.

Des Hayes, l'animal se dirigea vers le nord ; il passa près du village de Frideroche, commune de Chambon, et rencontra deux jeunes filles de Frideroche, deux sœurs, Anne et Marie Allezard — que M. Vaurillon connaissait encore il y a quelques années —, lesquelles se rendaient à Saint-Germain-l'Herm. Se précipitant sur elles, il les griffa en les bousculant et s'enfuit sous les coups de fourche de l'une des jeunes filles. Allant alors vers le nord-ouest, il parcourut à nouveau la commune de Fournols-d'Auvergne. Puis il redescend et mord beaucoup de bêtes à cornes près le village des Thioles, commune de St-Germain-l'Herm, dont une vingtaine appartenant au même propriétaire. Il se dirigea ensuite vers le cirque des Pierres-Folles, où la veille au soir le docteur Missoux avait entendu ses hurlements bizarres, car, comme chez le Chien hydrophobe, la voix du Loup enragé n'a pas le même timbre que celle d'un sujet sain.

Revenu sur la commune de Fournols-d'Auvergne, il attaque, sans la blesser toutefois, une femme qui lavait du linge près de Chalembelle et continue sa course vers l'Hôpital, hameau moitié de la commune de Fournols-d'Auvergne et moitié de celle d'Aix-la-Fayette ; c'est à ce moment que les femmes Rouvet et Rollant, les enfants Jean et Joseph Pilat ont les vêtements déchirés par la bête qui s'était jetée sur eux, mais sans les mordre eux-mêmes.

On perdit alors les traces du Loup qui s'enfuyait dans la direction du nord, poursuivi par des gens qui ne parvinrent pas à l'atteindre. L'animal, vaincu par le mal ou peut-être blessé, a dû mourir dans un fourré des bois.

Le père de M. Vaurillon avait trente ans à l'époque du Loup, il a dit autrefois à son fils qu'un jeune Loup avait été tué au cours des battues qui furent organisées et auxquelles il prit part, et qu'un Loup mort avait été trouvé, vers la fin de janvier 1840, dans le fourré d'un bois situé sur la commune d'Auzelles, et que les Chiens qui accompagnaient les chasseurs n'avaient pas voulu s'en approcher ; peut-être était-ce là le cadavre de la terrible bête qui, d'après M. Tixier, avait mordu dix-huit personnes de midi à quatre ou cinq heures du soir, et quantité d'animaux domestiques, dont soixante Bœufs, Vaches ou Chèvres.

Si, au curvimètre, on mesure sur une carte, comme j'ai pris soin de le faire, la distance séparant tous les endroits où le Loup fit des victimes, on constate qu'il a parcouru trente et un kilomètres. En tenant compte des zigzags qu'il put faire, et qu'il a certainement faits dans les bois et sur les terrains où il passa, on peut admettre qu'il a parcouru, en tous sens, une quarantaine de kilomètres en cinq heures, c'est-à-dire à une vitesse de 8 kilomètres à l'heure, mordant et luttant en maints endroits ; cela n'a rien d'étonnant chez un animal appartenant à une espèce réputée pour avoir des jarrets d'acier et être capable de faire en peu de temps un trajet considérable.

« L'épouvante semblait être à son comble (dit M. Tixier dans son article de *La Chasse illustrée*). Cette panique affreuse n'était pourtant que le premier acte d'une période plus lugubre encore. Il fallait mourir, mourir enragé, mourir de la plus effroyable des morts.

« Les médecins appelés se mirent immédiatement à l'œuvre. Ils ont cautérisé avec le beurre d'antimoine, avec le fer rougi à blanc. Mais comment faire pénétrer le caustique ou le cautère dans ces blessures irrégulières et profondes? Aussi la mort promena largement sa faux et l'hécatombe fut affreuse. Huit blessés ne purent être suffisamment cautérisés; ils sont tous morts. Quatre cautérisés, moins blessés, moururent aussi. Onze avaient fini de souffrir le 28 janvier; une autre personne, chez laquelle l'incubation fut beaucoup plus longue, périt près de six mois après la morsure.

« Le spectre du Loup a longtemps persisté, et, bien après le jour néfaste du 19 décembre 1839, les villageois ne sortaient plus que sérieusement armés. »

D'après des copies d'articles de journaux du Puy-de-Dôme, parus fin décembre 1839 et dans les premiers mois de 1840, qui m'ont été adressées par M. l'archiviste du département, des bêtes aussi devinrent enragées, car on ignorait qu'elles avaient été blessées par le Loup. Les animaux mordus furent abattus en grand nombre et les gens ne voulaient plus manger de viande de boucherie, craignant qu'elle ne provienne de ces bêtes. Victimes de la panique générale, les Chiens étaient traqués et abattus sans pitié, jusque dans les rues. La terreur dura longtemps, car à cette époque les Loups étaient assez nombreux dans le département, surtout dans l'arrondissement d'Ambert où le Loup enragé avait exercé ses ravages.

Un drame presque aussi atroce que le précédent eut lieu dans le département de l'Indre en 1878, et c'est dans la région que j'habite qu'il se déroula.

En juillet de cette année-là, j'étais à Argenton lorsque, le 17 du mois, vers onze heures ou midi, le bruit courut en ville qu'un Loup de forte taille, sorti des bois situés aux environs de la Quinauderie et des Gabats, se jetait sur les gens et les animaux domestiques.

Voici ce qui se passait, et pour faire ce récit, que j'ai écrit beaucoup plus tard et publié dans le numéro de septembre 1905 de la *Revue du Berry et du Centre* paraissant à Châteauroux, j'ai interrogé nombre de gens, compulsé les deux rapports de M. Fillay, vétérinaire à Châteauroux, au préfet de l'Indre, examiné les registres de l'hôpital d'Argenton, parcouru enfin le pays où le Loup avait exercé ses ravages :

Vers 5 heures du matin, le Loup se trouvait à la lisière des bois de la Quinauderie, venait dans un champ du domaine de la Maison-Dieu, non loin de Tendu mais sur la rive gauche de la Bouzanne, et se jetait sur Joséphine André, femme Jolivet, bergère courageuse qui venait de lui faire lâcher son Chien et trois de ses Moutons ; il la mordit à une main.

A 5 h. 30, il était aux Gabats, où il mordait une Chèvre, un Chien et renversait une femme qui, enveloppée dans une pelisse à cette heure matinale, ne fut pas atteinte par les dents de la bête furieuse.

De là, il s'achemina vers les Sallerons, où il mordit, à 5 h. 45, dix Moutons.

A 6 h. 30 ou 7 heures, il était à la Grande-Métairie et se jetait sur un Chien. Il arriva bientôt à Mazières, où il mordit deux Vaches, deux Chiens et se précipita vers le petit berger qui eut la présence d'esprit de grimper rapidement sur un arbre ; de son observatoire, le gamin lança au Loup un morceau de pain qu'il avait dans sa poche, mais la bête, bien entendu, ne le ramassa pas.

A 8 heures, le Loup vint au Terreau, où il mordit douze Moutons, un Chien, trois Bœufs et se jeta sur la bergère, Françoise Dupont, dite Françoise Mathurin, qu'il blessa assez grièvement au sein droit, à la main gauche et au bras droit.

A 9 heures, il bondit sur un Porc, près de Mosnay ; puis à proximité des Adenets, il mordit une Truie appartenant à Solange Ribot et cette femme elle-même, qu'il blessa à une cuisse.

Au sujet de la blessure reçue par Solange Ribot, M. Fillay m'a raconté un fait curieux qu'il tenait de la victime. Cette femme était à garder une énorme Truie, et le jeune fils de Mme Ribot jouait à une petite distance de là lorsque

le Loup le jeta par terre, le roula, lui déchirant ses vêtements sans lui faire aucune blessure. L'attaque, d'ailleurs,
dura peu : la Truie, qui avait vu la scène, arrivait sur le
Loup en même temps que la femme Ribot, et l'attaquait
sans hésiter. Le Loup tourna sa fureur contre la Truie,
avec laquelle il échangea de nombreux coups de dents.
C'est pendant ce combat qu'il mordit Mme Ribot à une
cuisse. Lorsque, quelques jours plus tard, on força la brave
femme à faire abattre sa Truie, ce furent de véritables
lamentations, car Mme Ribot prétendait que c'était au courage de sa bête que son fils devait la vie.

Tout de suite après avoir blessé Mme Ribot, le Loup
tomba sur Joséphine Augras, âgée de 12 ans, qu'il mordit
au menton. Aux cris de la fillette, des ouvriers des champs
accoururent et le Loup s'enfuit.

A 10 heures, dans un champ voisin du taillis appelé le
Pied-Ferré, il mord une Chèvre, un Agneau et un Chien.

A 11 h. 30, on le trouve à la Touche, où il blesse trois
Génisses. Peu de temps après, un cantonnier, qui cherchait un manche de pelle dans un taillis, vit le Loup
couché ; ce dernier s'en alla sans se jeter sur l'homme ;
l'animal n'était sans doute pas à ce moment sous l'influence
d'une crise de rage. Il fit une pointe rapide vers Fontpart
et des moissonneurs l'aperçurent.

Vers 2 heures de l'après-midi, à l'Abbaye de Mosnay, il
mordit et traîna sur le sol Marguerite Gay, âgée de 7 ans,
lui déchira la poitrine, lui brisa la clavicule gauche, et, se
jetant sur Marie Aufour, femme Jean Gay, qui accourait
au secours de sa fille, il lui enleva une partie de la face
et lui fractura les os du nez.

Poursuivant sa terrible randonnée, le Loup était à 6 heures dans la contrée appelée le Bois-Cadet et se jetait sur
Berlot Henri, âgé de 54 ans, homme doué d'une grande
force musculaire. Berlot, qui avait entendu crier : *Au Loup!*
sortait vivement de son champ, situé tout près du bois ;
il était muni d'une faucille, mais n'eut pas le temps de
se servir de son outil, le Loup lui étant immédiatement
tombé dessus. Une lutte terrible s'engagea ; homme et bête
roulèrent sur le sol. Un moment, l'homme mit le Loup
sous lui et le maintint par terre ; mais l'animal, serré violemment à la gorge, se débattait si fort, qu'il parvint à

saisir dans sa gueule le pouce gauche de Berlot et le lui
trancha. Le Loup eut alors le dessus, arracha presque une
oreille à son adversaire, le mordit au visage, aux épaules,
puis, laissant sur place le cultivateur haletant et grièvement blessé, s'enfuit.

Il mordit ensuite six Bœufs dans les champs des domaines d'Yvernaud. Personne n'avait vu cette attaque, mais
quelque temps après les six Bœufs devinrent successivement enragés et il fallut les tuer à coups de fusil dans les
écuries, ainsi qu'on le verra plus loin.

Le Loup allait bientôt arriver au domaine de la Tuilerie.
Il passa au milieu des Bœufs de cette propriété sans les
mordre.

Dans la matinée du 17 juillet, vers dix heures, on était
venu prévenir les métayers du domaine de la Tuilerie,
qu'un Loup attaquant bêtes et gens parcourait la contrée.

Vers 7 h. 30 du soir, alors que les cultivateurs allaient
prendre leur repas, un bruit se fit entendre : les Moutons,
affolés, se précipitaient d'un champ dans la cour et encombraient une des entrées, trop étroite.

Le jeune Foulatière Louis-Eugène, fils des métayers
et alors âgé de 17 ans, saisit une fourche en fer et sauta
dans le champ au moment où le Loup, qui venait de lâcher
une Chèvre, se faisait traîner par un gros Mouton qu'il
avait saisi à une cuisse. Foulatière laissa passer le troupeau, et, au moment où le Loup, toujours remorqué par
sa victime qui cherchait à lui échapper, se présenta devant
lui, il lui plongea sa fourche dans le cou et le jeta par terre.
Le Loup se releva d'un bond, se dressa sur ses pattes de
derrière, mais fut conservé à distance par Foulatière —
robuste gaillard qui servit plus tard aux cuirassiers —,
renversé à nouveau et maintenu dans la haie jusqu'à l'arrivée des secours, qui, heureusement, ne se firent pas attendre. D'un coup de faux, Silvain Guilbaud ouvrit le
ventre du Loup, puis, enlevant une hache des mains de la
mère de Foulatière, il fendit la tête de l'effroyable bête
qui, en une seule journée, venait de faire tant de victimes.
L'animal, pantelant, se débattait encore ; on le cribla de
coups de fourche. Son cadavre fut laissé sur place et couvert d'épines, pour que les Chiens ne viennent pas le flairer.

J'ai dit que vers onze heures ou midi, dans la journée du

17 juillet, le bruit s'était répandu à Argenton qu'un Loup
furieux se jetait sur les animaux domestiques et les personnes qu'il rencontrait dans sa course furibonde. Immédiatement, beaucoup de chasseurs de la localité s'armèrent
et partirent dans la direction de Tendu ou dans celle de
Mosnay, mais n'eurent pas l'occasion de tirer la bête.

Le lendemain, une battue fut organisée par M. Edmond
Mercier-Génétoux, lieutenant de louveterie du canton d'Argenton. Vers deux heures du soir, les chasseurs, fort nombreux, armés de fusils, de fourches et de faux, occupaient
les environs de Mosnay, où était venu le Loup dans l'après-
midi du 17, et où il avait mordu plusieurs personnes, lorsqu'un cavalier vint les prévenir que l'animal, tué depuis la
veille au soir, venait d'être transporté à Argenton, par
ordre du préfet. Cette battue avait été bien organisée ; les
bois étaient fouillés avec soin par des rabatteurs armés,
et chaque tireur posté avait près de lui un homme muni
d'une fourche ou d'une faux.

Le préfet de l'Indre, informé dès la matinée du 18 que
le Loup avait été tué dans la soirée du 17, envoya immédiatement l'ordre de le faire transporter à l'abattoir d'Argenton, et chargea M. Fillay, vétérinaire à Châteauroux, de
s'y rendre par le premier train pour faire l'autopsie de
l'animal.

D'après le rapport de M. Fillay à M. le préfet, le Loup
était un mâle de quatre ans environ, d'un pelage roussâtre ;
plutôt maigre, son poids était seulement de trente-trois
kilogrammes ; sa poitrine avait 0 m. 72 de circonférence,
son encolure 0 m. 50, et il fallait un ruban de 0 m. 54 pour
ceindre sa tête au niveau des oreilles ; sa taille était de
0 m. 70 au garrot. La tête portait, à droite, une large ou-
verture du crâne ; le cou, de nombreuses blessures béantes ;
les parois pectorales et abdominales, de larges perforations,
toutes blessures occasionnées par les coups reçus au domaine de la Tuilerie.

L'estomac, l'intestin et la vessie furent spécialement
examinés.

L'estomac, qui chez le Loup est d'une capacité considérable — puisque d'après Colin l'estomac d'un sujet de
bonne taille peut contenir plus de quatre kilogrammes de
viande, pris d'une seule fois, lesquels peuvent y être digé-

rés —, présentait un ovoïde irrégulier du volume de deux poings à peine ; il était donc fortement revenu sur lui-même sans que cependant ses parois se soient affaissées l'une sur l'autre ; du reste, la pression des doigts sur les membranes extérieures de l'organe, donnait la perception que sa vacuité n'était pas complète et que certains corps, même durs, existaient à l'intérieur. L'incision fut pratiquée en suivant la grande courbure. Dans un magma brun noirâtre formé par les sécrétions gastriques épaissies, et reposant sur une muqueuse fortement plissée et d'une teinte à peine rougeâtre, se trouvait une masse oblongue un peu plus volumineuse que le poing, composée de substances complètement étrangères à l'alimentation ordinaire d'un Carnassier. Entremêlés avec des feuilles, des herbes de 0 m. 10 à 0 m. 15 de longueur, c'est-à-dire avalées sans être mâchées, des flocons de laine enveloppaient le pouce d'un homme — pouce gauche de Berlot —, ainsi qu'une substance cartilagineuse de la largeur d'une pièce de deux francs, — parcelle de l'oreille gauche du même homme —.

L'intestin grêle, revenu sur lui-même, renfermait, dans sa première et sa deuxième portions, quelques parcelles de chair à peine digérées et baignées dans des mucosités d'un brun rougeâtre ; dans la dernière portion, ces mucosités étaient encore plus épaisses, comme albumineuses, et remplissaient tout le canal intestinal. Les parties du gros intestin, le cæcum, le côlon et le rectum, ne contenaient aussi que des mucosités, très épaissies, toujours mélangées de plantes herbacées, non digérées assurément.

La vessie, ratatinée, présentait à peine le volume d'un petit œuf de Poule ; son bas-fond possédait un pointillé rougeâtre bien évident.

La langue, sur toute l'étendue de la muqueuse, ne présentait rien d'anormal, et, malgré l'examen le plus minutieux, il fut impossible de constater l'existence de pustules qui se développent, d'après certains auteurs, sous la langue des animaux — ou des gens — enragés.

A la base de la langue, au niveau du voile du palais, les amygdales, sous forme allongée, étaient sorties du repli qui d'ordinaire les renferme ; elles avaient un aspect granulé, presque violacé. Le pharynx était sain. La face postérieure de l'épiglotte offrait, en deux points assez espa-

cés, deux légères ecchymoses. Toutes les glandes salivaires
étaient d'un volume énorme.

Et M. Fillay, dont je viens de citer textuellement et
presque entièrement le rapport d'autopsie, résume ainsi
ses observations :

1° Diminution considérable de l'intestin dans son volume
général ; mucosités très épaisses sur ses parois internes,
preuve évidente que le Loup, malade depuis trois ou quatre jours, était à la diète absolue ;

2° Présence dans l'estomac et l'intestin de substances
étrangères à l'alimentation de l'animal ;

3° Vacuité de la vessie et pointillé rougeâtre de son
bas-fond, — plusieurs auteurs, qui ont fait de nombreuses
autopsies de Chiens enragés, signalent cet état comme
étant le plus ordinaire chez les Chiens atteints de la rage ;

4° Tuméfaction et infection des amygdales, deux ecchymoses sur l'épiglotte, indices d'une inflammation en voie
de formation dans la région de la gorge. Or, quand le Chien
enragé vient à mourir, le plus souvent il est facile de constater les lésions d'une angine simple.

Mais, ajoute M. Fillay, toutes ces lésions ne peuvent
donner lieu qu'à des présomptions, que les renseignements
recueillis sur les allures du Loup avant sa mort, pourront
corroborer ou infirmer.

M. Fillay décrit ensuite les mœurs ordinaires du Loup,
sa façon d'attaquer les animaux pour s'en repaître, et, dans
nos contrées, sa méfiance à l'égard de l'homme.

Puis il parle du Loup dont il vient de faire l'autopsie,
de ses allures et de ses méfaits pendant la journée du 17,
et il conclut que l'animal était exalté par la furie rabique.

Persuadé que ce Loup était enragé, M. Fillay ajouta
quelques conseils au sujet des précautions à prendre envers
les animaux mordus : mise en surveillance des Bœufs, des
Chèvres ou des Moutons ; abatage immédiat des Chiens et
des Porcs.

Enfin, l'auteur de ce rapport qui est l'œuvre d'un savant
modeste et d'un humanitaire, recommande d'agir avec dis-
crétion en ce qui concerne les mesures à prendre contre
les animaux victimes du Loup, et, autant que possible, de
ne pas faire connaître son opinion sur les agissements de
ce carnassier, « afin que si les malheureuses personnes bles-

sées viennent à être prises de la rage, elles puissent au moins, jusqu'à ce moment, jouir de la tranquillité morale ».

Dans un second rapport très documenté, M. Fillay suit le Loup dans son effrayante randonnée du 17 juillet, et donne un tableau des bêtes mordues, au nombre d'une cinquantaine environ ; il termine en faisant connaître les noms des sept personnes blessées.

Après l'autopsie, le jeune Foulatière réclama la tête du Loup pour la promener dans les campagnes. On fit droit à sa demande, mais M. Fillay pria Foulatière de conserver cette tête, qu'il viendrait chercher huit jours plus tard.

Le courageux garçon récolta environ cent cinquante francs. Ce jeune homme, qui avait fait preuve d'une grande bravoure dans sa lutte avec le Loup, était resté très énervé de cette terrible aventure. Je tiens de lui-même qu'il ne pouvait sortir du sac la tête de la bête pour la montrer aux paysans chez lesquels il se rendait, sans en être très ému. Pendant la nuit, il ne conservait pas la tête chez lui, parce qu'elle répandait une odeur spéciale par suite des drogues avec lesquelles il était obligé de l'arroser afin d'en retarder la décomposition ; il suspendait le sac à un arbre, pour que les Chiens n'aillent pas en examiner le contenu.

Après huit jours, la tête fut remise à M. Fillay, qui en conserva les os.

Le journal *Le Figaro* offrit une magnifique montre en or au jeune Foulatière, dont le courage avait purgé la contrée d'un véritable fléau. A l'intérieur du boîtier, on lit : « *Le Figaro*, à Eugène-Louis Foulatière, pour son acte de courage, le 17 juillet 1878 ».

Le gouvernement de la République le récompensa en lui donnant une médaille d'honneur et un diplôme, et voici ce que porte le diplôme :

Au nom du Président de la République,

Le Ministre secrétaire d'Etat au département de l'Intérieur certifie qu'une médaille d'honneur en argent de deuxième classe a été décernée par décision du 9 août 1878 à M. Foulatière (Eugène), domicilié à Tendu (Indre), qui s'est particulièrement distingué, le 23 juillet de la même année, en abattant, près d'Argenton, un Loup furieux, dont les attaques multipliées contre les personnes et les animaux avait (*sic*) jeté la terreur dans toute la contrée.

Comme on peut le voir, la date de l'exploit de Foulatière est fausse, puisque le Loup a exercé ses ravages et a été tué le 17 juillet 1878 et non le 23. Je signale en passant la faute d'orthographe, qu'on ne devrait pas trouver sur certaines pièces officielles presque toujours destinées aux honneurs de l'encadrement.

J'étais, comme je l'ai dit, à Argenton en juillet 1878, ainsi que pendant les mois qui suivirent.

Les malheurs causés par ce Loup eurent un immense retentissement dans l'Indre et même dans toute la France, car les journaux de Paris en avaient partout répandu la nouvelle.

Les habitants des campagnes avoisinant Argenton, surtout ceux des contrées visitées par le Loup, furent terrorisés pendant quelque temps, car ils craignaient qu'un autre Loup n'ait été mordu par cette mauvaise bête, et qu'il ne se mette, lui aussi, à se jeter sur les gens et les animaux. Ils le redoutaient d'autant plus qu'ils n'ignoraient pas que les Loups vont souvent par petits groupes de deux ou trois individus, et qu'un animal de cette espèce avait été vu dans les bois de Bordesoule, en face du château de la Rocherolle, vers le 15 ou le 16 juillet. On racontait que c'était probablement ce Loup qui avait fait tant de dégâts le 17, mais on n'était pas absolument certain que le Loup vu le 15 ou le 16 était le même que celui du 17 ; on le disait plus gros et plus grisâtre. Personne ne sortait sans être armé ; le temps, seul, mit fin à cette terreur.

Mais qu'étaient devenus les animaux et les personnes mordus dans la journée du 17 juillet ? Voici ce que j'ai appris :

Tous les Chiens mordus furent abattus par ordre de police ; il en fut de même pour les Porcs.

A la Maison-Dieu, un des Moutons mordus devint enragé le 14 août suivant ; les deux autres Moutons guérirent de leurs blessures et ne furent pas atteints de la rage.

La Chèvre des Gabats, fortement blessée, se laissa mourir.

Je n'ai pu savoir exactement ce qu'étaient devenus les Moutons des Sallerons, dont plusieurs, paraît-il, étaient sérieusement endommagés ; de même pour les Vaches de Mazières, les Moutons et les Bœufs du Terreau, etc...

J'ai su, par M. Fillay, que les trois Génisses de la Touche devinrent hydrophobes, et j'ai retrouvé mes notes sur les Bœufs d'Yvernaud.

M. Silvain Poiron, de Mosnay, avait vingt ans quand le Loup parcourut le pays ; il habitait alors un des domaines d'Yvernaud, où la bête enragée avait mordu quatre Bœufs sans que personne s'en aperçût. Dans ce domaine, le premier Bœuf devint enragé huit jours après avoir été mordu, et le dernier au bout de vingt-huit. Je tiens de M. Thymel, propriétaire du château de Bouesse, que c'était lui qui avait offert les munitions nécessaires pour l'abatage des animaux, et M. Duris, qui devint plus tard maire de Mosnay, m'a dit que c'était lui-même qui avait tué les Bœufs à l'aide de son fusil et des balles de M. Thymel. D'après M. Poiron, deux Bœufs, assez calmes, furent abattus à coups de fusil ; les deux autres devinrent furieux, brisèrent tout dans leur étable et furent aussi tués par des balles. Dans le domaine voisin, deux Bœufs mordus devinrent enragés à la même époque que les deux derniers de l'autre domaine, et subirent le même sort.

La Chèvre de la Tuilerie fut abattue ; quant au Mouton que le Loup tenait par une cuisse au moment où il reçut le premier coup de fourche, cautérisé immédiatement au fer rouge, il guérit et ne devint pas hydrophobe.

Les trois personnes les plus grièvement atteintes avaient été transportées à l'hôpital d'Argenton, et voici ce que j'ai relevé sur le registre de cet établissement :

Le 18 juillet 1878, est entrée à l'hôpital d'Argenton la nommée Marguerite Gay, âgée de sept ans, née à Yvernaud, commune de Mosnay, demeurant à l'Abbaye de Mosnay. Maladie: Plaie par morsure de Loup a la poitrine ; fracture de la clavicule gauche. Sortie le 9 août 1878.

Le 18 juillet 1878, est entrée à l'hôpital d'Argenton la nommée Aufour Marie, âgée de vingt-sept ans, femme Jean Gay, née aux Arrachis, commune de Mosnay. Maladie: Plaie du visage par un Loup, déchirures, fractures des os du nez. Morte le 11 août 1878.

Le 18 juillet 1878, est entré à l'hôpital d'Argenton le nommé Berlot Henri, âgé de cinquante-quatre ans, cultivateur, né à Pommiers, demeurant à l'Arrachis de Mosnay. Maladie: Plaies multiples du visage, du dos, et perte du pouce de la main gauche. Sorti le 4 août 1878.

Ces trois personnes devaient mourir des suites des morsures du Loup enragé.

Ce fut la femme Jean Gay qui succomba la première.

Je tiens de sœur Maximille, qui, en 1878, donnait des

soins aux malades de l'hôpital d'Argenton, et qui fut plus tard directrice des sœurs de cet établissement, que la femme Gay avait la face déchiquetée du front au menton. Les plaies furent suturées et soigneusement pansées, elles étaient en bonne voie de guérison, lorsque la rage se déclara chez cette femme vers le 7 ou le 8 août. La malade refusa toute nourriture ; pendant ses derniers moments, elle avait la bouche et le cou couverts de salive qui coulait parfois jusque sur ses cheveux. Cependant elle était assez calme, et ce ne fut que dans la soirée du 10 août qu'on l'enleva de la chambre où elle se trouvait, pour la transporter sur le lit du cabanon de l'hôpital, car on craignait une crise. Elle resta assez tranquille jusqu'au lendemain 11 août, et mourut, ce jour-là, à dix heures du matin. Entre l'inoculation et la mort, 25 jours s'étaient écoulés.

D'après sœur Maximille, Berlot était couvert de morsures ; blessé à la face, aux mains, il avait les épaules et le dos lacérés. Il rentra chez lui le 4 août, ses plaies n'étant pas encore fermées. Mais un peu plus tard, il fut pris de rage et conduit à l'hôpital de Châteauroux, où il mourut le 24 août, 38 jours après les morsures. C'est M. le docteur Maquart, médecin de l'hôpital d'Argenton, qui se rendit chez Berlot et le conduisit en voiture à Châteauroux. Personne ne voulait accompagner le docteur Maquart ; ce fut M. Launois, ancien capitaine de hussards, qui se dévoua et fit le voyage en compagnie du médecin et du malade qui, d'ailleurs, fut peu agité ; pour la circonstance, M. Launois s'était armé de son revolver. Le fils de M. Berlot accompagna son père à Châteauroux et il m'a dit que le malade conserva son calme jusqu'à la fin, mais que parfois il avait des crispations qui le secouaient plus ou moins fort. Cela n'a rien d'étonnant, car M. Fillay m'a raconté qu'un médecin de Châteauroux avait essayé sur Berlot un remède où il entrait de la strychnine.

Lorsqu'il fut évident que la femme Gay était atteinte d'hydrophobie, on fit prévenir les parents, qui emmenèrent chez eux la petite fille. La jeune Marguerite Gay, entièrement remise de ses blessures, mourut à l'Abbaye de Mosnay le 29 janvier suivant. L'incubation avait été fort longue, plus de six mois, mais on m'a affirmé à Mosnay que la petite Gay était bien morte d'hydrophobie.

Quant aux quatre autres personnes blessées, moins fortement endommagées que celles qui avaient été amenées à l'hôpital d'Argenton, elles furent soignées empiriquement par Mme Sabourain, de Lothiers, qui guérissait des morsures de Vipères ou de bêtes enragées. Aucune d'elles ne succomba, grâce probablement aux vêtements qui essuyèrent au passage les dents du Loup, ou à l'hémorragie abondante qui suivit les morsures sur les parties nues et qui empêcha le virus de pénétrer. Un heureux hasard les favorisa, car à cette époque on ne soignait pas encore scientifiquement les personnes mordues par les animaux hydrophobes, et l'Institut Pasteur n'existait pas.

Joséphine Augras, qui avait douze ans à l'époque des ravages du Loup, est devenue Mme Auclair, habite Argenton et est presque ma voisine. La cicatrice de la plaie faite par la morsure du Loup et le liquide corrosif qu'employa Mme Sabourain pour la cautériser est encore très visible. Elle m'a dit que cette dame remit un liquide de teinte noirâtre à ses parents, liquide fait de jus d'herbes spéciales, et qu'elle dut en boire, malgré sa répugnance, pendant un certain temps. Actuellement encore, elle n'aime pas qu'on lui parle du Loup enragé.

Vingt-trois ans après ce drame, en 1901, M. Fillay, qui était presque devenu mon voisin, puisqu'il s'était retiré dans sa propriété du Vivier, à deux kilomètres d'Argenton, m'offrit, un jour qu'il visitait ma collection de Vertébrés de l'Indre, les restes du crâne du Loup enragé, ainsi que le pouce et le morceau d'oreille du malheureux Berlot, qu'il avait conservés en alcool. J'acceptai avec reconnaissance.

Il reste bien peu du crâne de ce Loup, broyé à coups de hache : la moitié du crâne, à peu près, et, à la mâchoire supérieure, quelques molaires et une canine. J'ai préparé convenablement ces restes ; près d'eux j'ai placé, dans un bocal, le pouce de Berlot — le morceau d'oreille était informe, et je ne l'ai pas utilisé —. Sur une carte du pays, j'ai tracé l'itinéraire du Loup dans la journée du 17 juillet 1878, et une pancarte fait connaître les méfaits de l'animal ; carte et pancarte sont fixées au socle sur lequel repose le crâne, soutenu par des montures de cuivre ; une boîte en verre recouvre le tout.

Foulatière, qui, à dix-sept ans, abattit la mauvaise bête,

fut plus tard fermier dans ma famille, et lorsque ses affaires
l'amenaient à la maison, il me demandait parfois de lui
montrer le crâne de l'animal cause d'un exploit inoubliable
et qui lui valut, outre les cent cinquante francs qu'il recueil-
lit en promenant la tête, la montre en or et la médaille des
braves qu'il méritait bien, le surnom de *Tueu d'Loup* qu'il
porte encore aujourd'hui et sous lequel il est presque exclu-
sivement connu. Retiré des affaires, il a acheté une maison
à Argenton, et maintenant encore, en 1929, j'ai souvent
l'occasion de m'entretenir avec lui.

Avant et après les deux drames dont je viens de faire le
récit, il y en avait eu et il y en eut d'autres.

La Revue des Sciences du *Journal des Débats* du
7 août 1913, qui était rédigée par M. Henry de Varigny,
contenait un fort intéressant article sur les Loups, lequel
me fut communiqué par mon ami M. Charles Debreuil,
vice-président de la Société nationale d'Acclimatation. Par-
lant de la rage, l'auteur écrivait : « Souvent la rage se mettait parmi les Loups, et avec des conséquences désastreu-
ses. M. R. Triger, dans ses très intéressantes *Observations
agricoles et météorologiques sur les années remarquables
de 1544 à 1789, dans la province du Maine*, observations
puisées dans les registres de catholicité, les archives, les
chroniques, etc., donne l'indication suivante : « 1739. Le
23 avril, un Loup enragé a parcouru 8 paroisses adjacentes
en vingt-quatre heures, dévoré (c'est-à-dire mordu) 70 personnes, dont plus de 50 sont mortes de sa morsure et de
rage peu de temps après, et nombre d'animaux. »

Dans les *Mémoires de la Société historique et scientifique
des Deux-Sèvres* (1re année, 1905-1906), M. H. Gelin, dans
un article très intéressant sur la destruction des Loups, dit
ceci : (1)

« Le docteur Linacier, médecin du Roy à Chinon, par
une communication insérée dans les *Affiches* du 8 août 1776,
rappelle qu'en 1762, quatorze personnes furent mordues
par une Louve enragée dans les bois dépendant de l'abbaye
de Fontevrault. Les blessures affectaient les mains, la face,

---

(1) Note communiquée par M. J.-L. Lacroix, conservateur du Musée
d'Histoire naturelle de Niort.

la poitrine. Huit d'entre les blessés périrent dans l'état de
rage bien décidée. Enfin, en juillet 1774, deux fillettes
d'environ 15 ans, furent mordues par un Loup enragé aux
environs de Chinon.

« De pareils carnages sont heureusement rares, et le
relevé fait par Linacier paraît dénoter une situation tout à
fait exceptionnelle. Cependant, on peut rapprocher de ces
faits ce qui se passe en certains cantons de la Russie con-
temporaine, où les Loups pullulent encore. En effet, au
mois de mars 1886, Pasteur eut à soigner dix-neuf paysans
russes des environs de Smolensk, qui avaient été mordus
par le même Loup enragé. Seize d'entre eux furent guéris,
grâce à l'efficacité des inoculations du virus antirabique. »

Mais un peu avant, lorsque les blessés ne pouvaient être
conduits à Pasteur, ces drames avaient de terribles conséquences. Voici encore ce qui se passa en Russie :

« Vers 1880, un Loup enragé mordit, le 27 janvier,
trente-cinq hommes et vingt-trois femmes du même village,
après avoir blessé cinq autres personnes ailleurs (1). Les
plaies furent lavées avec une solution de potasse caustique.
Le premier cas de mort eut lieu le 16 février, vingt jours
après l'événement, et le dernier après plus de six mois.
Trente-neuf personnes, dont vingt-quatre hommes et quinze
femmes, succombèrent. Les autres blessés survécurent.

« En France (ajoute l'auteur), au mois de mai 1784, un
Loup enragé mordit dix-sept personnes près de Dives ; dix
eurent la rage, de 15 à 68 jours après la morsure. »

Parfois des Renards deviennent hydrophobes ; les journaux, depuis un demi-siècle, en ont rapporté plusieurs cas,
et on a pu lire, dans le numéro du journal *Le Temps* du
21 janvier 1926, l'information suivante :

« On constatait, en ces derniers temps, dans la Côte-d'Or,
et notamment dans les cantons de Saint-Seine-l'Abbaye et
d'Is-sur-Tille, que des Renards s'étaient aventurés dans
plusieurs villages, se montrant agressifs et se jetant sur les
hommes et les animaux qu'ils tentaient de mordre. Deux
de ces Renards ayant été abattus furent autopsiés par le

---

(1) *La rage et les expériences de M. Pasteur*, par Gaston Percheron.
Librairie Firmin-Didot et Cie, 1885.

vétérinaire Carreau, directeur des abattoirs de Dijon, qui ne
constata aucune lésion macroscopique qui pût faire soupçon-
ner la rage. Cependant, un troisième Renard ayant été tué
et l'autopsie n'ayant non plus révélé rien d'anormal,
M. Carreau envoya la tête de la bête au laboratoire des
recherches du ministère de l'Agriculture que dirige, à
Alfort, M. Vallée, membre de l'Académie de médecine. Les
examens microscopiques et les inoculations aux animaux de
laboratoire démontrèrent que l'animal était bien atteint de
la rage. Les mesures préservatrices réglementaires ont été
prises dans les cantons où ces animaux ont présenté ces
signes anormaux. »

Le plus souvent, le Loup se fait inoculer la rage dans une
bataille avec un Chien enragé dont il veut faire sa proie ;
mais il n'en est pas ainsi pour le Renard qui, à l'état sauvage, fuit le Chien et en a une peur atroce. A notre époque,
les Loups sont rarissimes en Côte-d'Or, et des Renards de
ce département n'ont pu être mordus par un animal de cette
espèce devenu hydrophobe. Alors, comment sont-ils devenus enragés? Probablement par un Chat mordu par un
Chien malade de la rage, et qu'ils attaquèrent, ou par des
Rats noirs ou des Surmulots qu'ils rencontrèrent en rôdant
près d'une ferme, en quête de quelque mauvais coup, lesquels Rats avaient été contaminés par la morsure d'un
Chat hydrophobe. Je ne m'explique guère l'affaire autre-
ment.

Encore très communs en France au début du XIXe siècle, car leur destruction s'était ralentie vers la fin du siècle
précédent, pendant la Révolution, il fallut prendre des
mesures énergiques pour se débarrasser des Loups ou tout
au moins chercher à en diminuer le nombre. On n'en
était plus quand même au temps où, d'après le baron
Dunoyer de Noirmont (1), les Loups pullulaient sur notre
territoire: « En juillet 1697, après la paix de Ryswick, les
milices de l'Orléanais étant rentrées dans leurs foyers, les
magistrats en profitèrent pour faire des battues générales
contre les Loups qui décimaient les troupeaux et s'en pre-
naient même aux femmes et aux enfants, aux portes

(1) Baron Dunoyer de Noirmont. *Histoire de la Chasse en France
depuis les temps les plus reculés jusqu'à la Révolution.* Tome III. 1868.

d'Orléans. Plus de deux cents Loups furent détruits dans ces battues. » Mais partout, ou presque, en France, pendant le XVIIIe siècle, les Loups commirent d'énormes dégâts, et pendant la Révolution même, qui avait aboli la louveterie, il fallut se défendre de ces bêtes dangereuses.

M. H. Gelin a publié, ainsi que je l'ai dit, une note sur la destruction des Loups dans le département des Deux-Sèvres. A l'époque de la guerre de Vendée, entre les royalistes et les républicains, les Loups faisaient ripaille d'animaux domestiques ; un Loup avait même attaqué un homme. Quand les Vendéens furent vaincus, les armes des particuliers leur furent retirées et ils devinrent encore plus à la merci des Loups. Les chefs républicains furent obligés d'autoriser les habitants de certaines fermes ou villages à posséder chez eux des fusils pour se défendre des pillards à quatre pattes. Dans le département des Deux-Sèvres, le sous-préfet de l'arrondissement de Thouars écrivait le 8 vendémiaire an IX, au préfet : « Citoyen, j'ai provoqué plusieurs chasses aux Loups ; elles ont été assez heureuses, mais cinq ou six Loups qui ont été tués ne sont pas même un palliatif au mal : il est si grand, et le nombre des Loups est si considérable, que les plaintes retentissent de toutes parts autour de moi. Jusqu'à présent, j'ai été très circonspect sur le port d'armes ; non seulement je ne vous ai pas transmis toutes les demandes qui m'ont été faites, mais je n'ai pas appuyé celles qui vous ont été adressées directement. La crainte de mettre des armes dans des mains ennemies m'a retenu, et je n'ai vu que ce que la sûreté générale me montrait. Aujourd'hui, je suis convaincu que tous ceux qui demandent des ports d'armes ont des armes, et que ces armes sont plus dangereuses dans leurs mains lorsqu'ils sont forcés de les cacher que s'ils avaient la permission de les porter, et cela n'est point un sophisme. Quoi qu'il en soit, les Loups se sont tellement multipliés et ils causent des dommages si considérables, que l'intérêt du Gouvernement exige une mesure générale. Tous les notables des communes demandent à être autorisés à courre dessus, sans cela il sera impossible aux administrés de payer leurs contributions. Il n'y a pas de nuit que dans chaque commune plusieurs Bœufs, Vaches, Veaux et Moutons ne soient égorgés. Le bétail fait toute la richesse de la région. » D'autres réclamations parvinrent à l'administration des Deux-Sèvres : « Il est à ma connaissance, écrivait le commissaire Bisson, que les Loups se promènent par dix, douze et quinze ensemble, que même ils se jettent sur les bergers qui gardent les bestiaux. » L'autorisation de faire des battues fut accordée. En l'an IX, on tua 124 Loups, 63 en l'an X ; on en tua d'autres pendant les deux années suivantes, et 118 en l'an XIII. Le chasseur qui abattait une de ces bêtes malfaisantes touchait une prime : 40 francs pour un Loup ou une Louve non pleine ; 60 si la Louve était pleine, et 20 pour un Louveteau. Pour un Loup ayant attaqué l'homme, ou atteint de rage, la prime était de 150 francs.

Plus tard, la louveterie fut réorganisée. Partout on traquait les Loups et même on les empoisonnait. Leur nombre diminua rapidement.

La Chasse illustrée du 24 février 1880, donne un état de la destruction des Loups en 1877-1878, et j'indique le chiffre total des Loups, Louves et Louveteaux abattus par département : Il en fut tué 52 dans le Finistère, 41 dans les Côtes-du-Nord et autant dans la Vienne, 38 dans la Haute-Marne, 31 en Meurthe-et-Moselle, 30 dans l'Indre, 25 dans la Creuse, 23 dans les Basses-Alpes, 20 dans la Charente et 20 dans les Vosges, 16 dans la Haute-Saône, 15 dans la Côte-d'Or et autant dans les Ardennes et la Charente-Inférieure, 13 dans l'Ile-et-Villaine, 12 dans le Morbihan et le même nombre dans la Haute-Vienne, 11 dans la Dordogne et autant dans l'Yonne, 10 dans le Doubs et le même nombre dans la Meuse, la Marne et les Basses-Pyrénées, 9 en Saône-et-Loire, 8 dans le Cher, 7 dans l'Orne, 5 dans le Calvados et aussi dans la Nièvre, 4 dans la Corrèze et autant dans le Lot, la Lozère, la Manche et en Seine-et-Marne, 3 dans les Hautes-Alpes, l'Ardèche et l'Isère, 2 dans le Cantal, le Loir-et-Cher et le Loiret, enfin 1 dans l'Indre-et-Loire, les Pyrénées-Orientales, la partie française du Haut-Rhin, la Seine-Inférieure et le Jura ; cela donne un total de 555 Loups détruits. Dans les départements non désignés ci-dessus aucun Loup ne fut tué en 1877-1878.

Cinq cent cinquante-cinq Loups, Louves et Louveteaux constituent encore un chiffre imposant. Mais c'est à partir de ce moment que le nombre des animaux de cette espèce décrut très rapidement, car on leur faisait une guerre acharnée, surtout dans l'Est, le Centre-Ouest et la Bretagne où l'on en rencontrait encore assez fréquemment.

Je ne parlerai pas de la chasse à courre du Loup qu'on pratiquait depuis fort longtemps en France, où il y eut des équipages réputés, non plus que de la chasse à tir, renvoyant pour cela mes lecteurs aux ouvrages spéciaux. Il y eut des veneurs intrépides qui, lançant un Loup dans une province, allaient le prendre dans une autre, à une distance considérable, parfois après plusieurs jours de poursuite, avec les mêmes Chiens et les mêmes Chevaux, attaquant à nouveau et de grand matin l'animal à l'endroit où, la veille au soir, ils avaient rompu la chasse; des limiers suivaient la piste de la veille au soir et de la nuit, et bientôt le Loup, harassé et souvent mal réconforté par de menues proies, était remis sur ses pattes; alors la meute était lâchée et la poursuite reprenait de plus belle.

Pour la chasse à tir, de bonnes meutes, accompagnées de piqueurs montés ou non et connaissant bien leur métier, souvent très dur, donnaient à d'excellents tireurs l'occasion de tuer ces bêtes maudites des agriculteurs aux troupeaux desquels elles étaient si dommageables.

Les ouvrages du comte le Couteulx de Canteleu et de plusieurs autres veneurs réputés, et celui du Rév. E.-W.-L. Davies (1) donnent une idée exacte de ce qu'étaient encore, au siècle dernier, les chasses à courre et à tir.

Entre 1877 et 1887, j'ai plusieurs fois assisté à des chasses aux Loups. J'en ai vu fuir et j'en ai vu tuer, surtout des jeunes en juillet et août. Et si je consulte le carnet de notes du louvetier d'Argenton-sur-Creuse, j'y lis : 15 juillet 1877, dans les bois de Nuit, 2 Louveteaux sont tués; le 17 juillet, même année, aux bois Rubans,

---

(1) *Chasses aux Loups et autres chasses en Basse-Bretagne*, par le Rév. E.-W.-L. DAVIES, traduit par le comte René de Beaumont. Paris, Lucien Laveur, éditeur, 13, rue des Saints-Pères, 1912. Les chasses aux Loups décrites dans ce volume se passent surtout dans les Montagnes Noires de la Basse-Bretagne et aux environs de Carhaix (Finistère) et de Gourin (Morbihan).

5 Louveteaux sont tués dans une battue ; le 15 novembre suivant, un Loup est tué dans le bois des Prunes. Je me souviens aussi de deux Louveteaux qui, le 10 juillet 1882, avaient été tués aux Feuilloux, l'un par un chasseur, l'autre par les Chiens. La mère avait été aperçue, prenant le large. On pensait qu'elle reviendrait pendant la nuit. Les petits furent traînés dans quelques chemins et sentiers et des chasseurs s'embusquèrent près de deux clairières où les Louveteaux étaient déposés ; mais, la nuit, la Louve rôda autour du bois sans y entrer.

Dans beaucoup de départements on employait le poison, surtout la noix vomique, ou son produit encore plus violent, la strychnine, le plus souvent à l'aide de cadavres de Chiens, pour éviter l'empoisonnement des Chiens des fermes. Les moins prudents des destructeurs employaient les cadavres d'autres animaux domestiques.

Dans *La Chasse illustrée* pour les années 1879 et 1880, on peut lire : « Chaumont, 20 décembre 1878. Un habitant du village de Cirey-les-Mareilles, agacé des déprédations des Loups, accommoda le cadavre d'un vieux Chien à la strychnine et le transporta à environ deux kilomètres dans la plaine entre Cirey et Mareilles. Les Loups ne tardèrent pas à se régaler de ce friand morceau et, quelques heures plus tard, on en trouva six couchés sur la neige. » Et le même journal annonçait, dans son numéro du 25 janvier 1879, qu'il y avait dix Loups ensemble, dont six étaient restés sur place. Un septième succomba également et son cadavre fut trouvé quelques jours plus tard ; des Pies et des Corbeaux furent également empoisonnés par les restes du Chien.

Le 6 février 1880, près de la ferme du Chameau, dans la Haute-Marne, un garde particulier ayant placé des appâts empoisonnés, une Louve et un grand Loup furent trouvés morts à quelques centaines de mètres des amorces.

Vers la même époque, un garde d'Aulnizeux, dans la Marne, empoisonna, en l'espace de huit jours, deux Loups et deux Louves.

Dans le département du Puy-de-Dôme, en mars 1880 trois grands Loups étaient empoisonnés par un quartier de Cheval strychnisé. Vers cette époque également, près

Le Vigan, dans le Gard, cinq Loups étaient aussi empoisonnés.

Je pourrais citer maints exemples de Loups ayant péri de la sorte. Dans la défense contre ces bêtes, le poison, comme on le voit, fut un très puissant auxiliaire.

La loi du 3 août 1882 avait augmenté les primes, car dans la première moitié du siècle dernier elles avaient été réduites. La loi nouvelle octroyait 40 francs pour un Louveteau, 100 francs pour un Loup ou une Louve non pleine, 150 francs pour une Louve pleine et 200 francs si l'animal, quel que soit son sexe, s'était jeté sur des êtres humains, et ces primes contribuèrent encore à la diminution plus rapide des Loups.

Des gens faisaient métier de prendre les Louveteaux dans leur liteau ou aux alentours immédiats si la mère les avait dispersés par deux ou par trois. L'un des meilleurs de ces destructeurs habitait l'Indre ; il se nommait Jean Guillot, était ouvrier des bois, travaillant pour le compte des marchands, et avait sa maison au hameau de Château-Morand, lequel se trouve pour ainsi dire encadré par les grands bois de Souvigny, la forêt des Corollans, la forêt des Ris et la forêt de la Luzeraize, le vrai pays des Loups en Bas-Berry. Il opérait dans sa contrée, mais parcourait les autres grands bois de l'Indre et des régions voisines, et allait même au loin lorsqu'il était demandé, car sa renommée était grande. Il n'ignorait pas que j'aime les bêtes, que j'avais des Renards bien apprivoisés et une grande femelle de Cerf qui me suivait partout, même dans les bois ; aussi, à plusieurs reprises il vint m'offrir des Louveteaux, car il demeurait à une vingtaine de kilomètres de chez moi. Mais l'une de mes tantes qui m'avait élevé, chez laquelle j'habitais et qui me souffrait toutes mes fantaisies zoologiques, s'opposa absolument à ce que j'introduise un ou plusieurs Loups à la maison : « Achète un Ourson si cela te fait plaisir, même un Lionceau, mais je ne veux pas de Loup chez moi ». Eh ! oui, elle aussi, dans son enfance et même dans son âge mûr, avait entendu, bien trop souvent, hélas ! parler des Loups, et les récits qu'on en faisait n'étaient pas à leur avantage. Je ne pus donc avoir de Loup et je le regrette encore aujourd'hui.

J'ai vu bien souvent des nomades promener dans les

rues des Ours et des Singes auxquels ils faisaient faire
maints exercices ; on en voit encore aujourd'hui, quoique
plus rarement qu'avant la grande guerre. Mais autrefois,
il y a de cela bien longtemps, j'ai vu deux ou trois fois des
hommes plus ou moins hirsutes passer avec des Loups de
forte taille qu'ils avaient élevés et qu'ils tenaient cependant enchaînés et muselés. Il y avait encore en 1879 des
gens de cette sorte, et je lis ceci dans le numéro du 26 avril
de *La Chasse illustrée :* « On vient d'arrêter, près de Cri-
quetot (Seine-Inférieure), un singulier filou. Il se servait
d'un Loup pour forcer à l'aumône et rôdait dans les campagnes avec sa bête muselée et toujours affamée. Dans plusieurs fermes, il a menacé les habitants de les faire dévorer
s'ils ne lui donnaient de l'argent. » Ces meneurs de Loups
qui circulaient en France, n'avaient rien de commun avec
les *meneurs de Loups* qu'on prétendait si répandus en
Bas-Berry. J'avais bien vingt-cinq ans qu'on me disait
encore : « Un tel, que vous connaissez, mène les Loups ;
on l'a vu, une nuit qu'il faisait clair de lune, entouré d'une
dizaine de Loups qui gambadaient autour de lui. » Mais
tout cela n'était que légende, stupidité, rêves germés dans
des cerveaux fatigués. Il n'en est pas moins vrai que la
légende des *meneurs de Loups* n'a cessé d'être vérité pure
pour la plupart des gens des campagnes, que depuis la disparition des Loups eux-mêmes.

Mais j'en reviens à Guillot et à ses exploits. Dans ses
recherches, il agissait seul ; mais quand son fils, qui devint
plus tard facteur des postes au Blanc, fut en état de le
suivre, il l'emmena parfois avec lui pour lui apprendre le
métier ; je me suis même laissé dire que la mère de Guillot
avait jadis pris des Louveteaux et instruit son fils dans
cette science de Peau-Rouge en expédition de chasse ou
sur le sentier de la guerre ! Cet observateur averti était
souvent demandé dans les localités de l'Indre ou d'ailleurs,
appelé par des propriétaires de bois dans lesquels on soup-
çonnait devoir exister une portée de Loups. Arrivé sur les
lieux avec les personnes qui l'accompagnaient, il se rendait
aussitôt sur le sommet d'une colline, s'il en existait, d'où la
vue pouvait s'étendre sur la région boisée. On lui disait, en
lui montrant un quartier de bois : « Voyez ! c'est ici que les
Louveteaux doivent être. » Et bien souvent il répondait :

« Vous croyez? Alors, vous vous trompez, c'est là qu'ils sont, s'il y en a! » et de la main, il montrait un autre endroit. Neuf fois sur dix il avait raison, ainsi que peu après l'on pouvait s'en convaincre. Mais arrivé dans le quartier de bois qu'il avait désigné, il disait aux personnes qui l'accompagnaient de le laisser travailler seul et il leur interdisait formellement de le suivre. Son grand panier sous le bras, n'ayant d'autre arme qu'un gros bâton, il disparaissait dans le fourré, et, au bout d'un temps plus ou moins long, il revenait avec des Louveteaux plein son panier.

Il détruisît ainsi un grand nombre de très jeunes Loups et cela ne contribua pas peu à en faire disparaître l'espèce des régions qu'il explorait. Jamais l'un des parents ne se précipita sur lui. Parfois, disait-il, la Louve le suivait, mais à une distance respectueuse, et bientôt elle abandonnait la piste du ravisseur. Il mourut septuagénaire vers 1894 ou 1895 ; un peu plus tard, son fils mourut aussi.

M. Emile Verneret, habitant aux Loges-des-Mines, commune de Luzeret, que j'ai beaucoup connu autrefois lorsqu'il demeurait à Saint-Gaultier, me disait dernièrement que dans la région où opérait Guillot, il y avait d'autres personnes qui savaient s'emparer des jeunes Louveteaux. M. Touzet, garde particulier au Peu, commune de Prissac, en prenait ; mais au lieu d'un bâton, il emportait un fusil. Plus anciennement, M. Perrin, dit Boursier, qui avait sa demeure aux Loges-des-Mines, en a pris beaucoup et n'avait comme arme qu'un fusil à un coup. Il prenait des Loups adultes au piège, et M. Verneret a encore chez lui des engins qui viennent du *père* Boursier. Un des derniers grands Loups de cette contrée boisée fut tué par M. Verneret.

En différents points du territoire français, d'autres fins observateurs faisaient ce même métier de prendre des Louveteaux à la saison des portées.

Après 1880, les journaux cynégétiques ont de moins en moins l'occasion de parler des Loups. Ils signalent encore parfois des dégâts commis par eux, ou simplement leur présence dans certains départements : Oise, Seine-et-Marne, Lozère, Cantal, Tarn-et-Garonne, Aveyron, Finistère, Ile-et-Villaine, Meuse, Pas-de-Calais, Saône-et-

Loire, Morbihan, Aube, Haute-Marne, Marne, Puy-de-Dôme, Gard, Creuse, Vienne, Indre, Vendée, Ardennes, Loire, Côtes-du-Nord, etc..., etc.. Ici, ils étranglent des Vaches, là des Moutons, souvent des Chiens. Finalement, après 1900, il n'en est plus question que de loin en loin.

J'ai fait, de 1926 à 1928, une enquête sur la destruction des presque derniers Loups, et me suis adressé à une cinquantaine de Préfets et à plusieurs Conservateurs et Inspecteurs des Eaux et Forêts. Presque partout, mes questions furent bien accueillies et l'on y répondit. Que tous ceux qui m'ont renseigné reçoivent ici l'expression de mes remerciements les plus sincères. Non seulement les Préfets et les fonctionnaires des Eaux et Forêts m'ont fourni des renseignements, mais beaucoup d'autres personnes encore que je remercie également.

Voici les résultats de mon enquête :

Ardennes. — Les archives de la sixième conservation de l'administration des Eaux et Forêts ont été en grande partie détruites durant l'occupation allemande, mais certaines pièces ont été retrouvées et il semble bien que les deux animaux suivants ont été les derniers Loups tués dans ce département : Un Loup tué en mars 1906 par M. Godet Elisée, près de Tannay ; un Loup tué en décembre 1906, sur la commune de Rémonville, par M. Darte. Pendant la mauvaise saison de 1927-1928, des bandes de Loups ont été vues dans le Hainaut, en Belgique, ont raconté plusieurs journaux. Des battues furent organisées et en quatre jours 9 Loups auraient été abattus. J'ai demandé à M. le Conservateur des Eaux et Forêts en résidence à Charleville si, en décembre 1927 et en janvier 1928, il avait eu connaissance de Loups dans les Ardennes ; il me répondit que non.

Marne. — Pour abréger, je ne mettrai que rarement les noms des personnes qui ont capturé ou tué des Loups. De 1916 à 1917, 22 Louveteaux ont été pris par différentes personnes pendant le mois d'avril ; une femme même est signalée comme s'étant emparée de 2 Louveteaux. Puis un Loup adulte fut tué le 2 juillet 1917. près de Toulon-la-Montagne. Enfin, 5 Louveteaux sont tués le 20 mai 1918, sur la commune d'Aulnay-aux-Planches. Depuis dix ans, aucun Loup n'a été signalé dans le département de la Marne.

Haute-Marne. — De 1914 à 1918, 11 Louveteaux furent pris dans ce département; une Louve fut tuée en 1918. Le 16 avril 1921, 3 Louveteaux sont pris à Belmont et, le 22 avril 1921, 2 autres sont capturés à Perrusse. M. le Secrétaire général de la préfecture de la Haute-Marne ajoute que quelques Loups ont été signalés pendant la mauvaise saison de 1926-1927, mais qu'aucun d'eux n'a été tué dans les limites du département. D'après les renseignements qui m'ont été fournis par M. l'Inspecteur des Eaux et Forêts en résidence à Chaumont, un Loup aurait été vu dans le courant de février 1928 en forêt domaniale de Morimond par M. Thivet, de Damblain (Vosges).

Meuse. — En 1909, 9 Louveteaux ont été pris; une Louve pleine, du poids de 70 livres, a été tuée à Lignières, le 28 mars; un Loup de 90 livres fut tué le même jour et au même endroit. En février 1911, un Louveteau fut pris dans un bois de l'arrondissement de Verdun et 5 Louveteaux furent capturés le 12 avril 1914 dans l'arrondissement de Commercy, dont les animaux précédents provenaient également, sauf celui tué dans l'arrondissement de Verdun. Aucun Loup n'a été signalé depuis à la préfecture.

Moselle. — De la préfecture de la Moselle, j'ai reçu les renseignements statistiques suivants, trouvés dans les archives de l'administration départementale allemande, depuis 1876 jusqu'à la disparition complète de ces animaux du département. En 1876, on a tué 45 Loups, Louves, Louvarts et Louveteaux; en 1877, 44; en 1878, 94; en 1879, 59; en 1880, 67; en 1881, 21; en 1882, 34; en 1883, 34 également; en 1884, 20; en 1885, 39; en 1886, 14; en 1887, 16; en 1888, 12; en 1889 et 1890, 5 chaque année; en 1891, 2; en 1892, 3. Depuis 1892 jusqu'en 1918, la présence de Loups ne semble pas avoir été signalée à l'ancienne administration, et depuis le retour du département de la Moselle à la France l'on n'en a pas vu.

Meurthe-et-Moselle. — Un Loup tué le 27 mars 1911 près de Gémonville, arrondissement de Toul; un Loup tué

le 14 décembre 1913, près de Vézelise, arrondissement de
Nancy ; une Louve tuée le 3 octobre 1916, près de Bicque-
ley, un Loup tué le 10 août 1917, à Battigny, et une Louve
tuée le 31 octobre 1921, à Favières, ces trois dernières
localités appartenant à l'arrondissement de Toul. Quelques passages de Loups ont été signalés dans le massif
boisé de Colombey, limitrophe du département des Vosges,
mais ils n'ont pu être absolument contrôlés

Vosges. — En 1918, un Loup est tué le 18 août et une
Louve le lendemain, dans l'arrondissement de Neufchâteau. Puis furent tués, en 1919 : un Loup, le 19 janvier ;
une Louve pleine, le 4 mars, et un Louveteau, le 18 mai,
aussi dans l'arrondissement de Neufchâteau.

Haute-Saône. — M. le Conservateur des Eaux et Forêts
de la Haute-Saône et du Territoire de Belfort m'a informé
qu'en 1906, 2 Loups et 2 Louves ont été abattus dans l'arrondissement de Vesoul ; qu'en 1907, 3 Loups ont été tués
dans le même arrondissement ; qu'un Loup fut tué en
1908, également dans l'arrondissement de Vesoul ; que
quelques Louveteaux auraient été détruits de 1909 à 1918,
mais que depuis cette époque il n'a plus été question de
Loups.

Doubs. — En 1901, 16 Louveteaux ont été pris, principalement aux environs de Besançon ; cette même année,
un Loup était tué sur le Territoire de Belfort ; 2 Louveteaux furent détruits à Marchaux, dans la forêt de la
. Grand'Côte.

Jura. — Aucun Loup n'a été déclaré à la préfecture
depuis l'année 1893, pendant laquelle un animal de cette
espèce fut tué le 24 janvier. De renseignements fournis
à la préfecture par l'administration des Eaux et Forêts, il
appert que des Loups ont été aperçus durant la dernière
guerre dans l'arrondissement de Dôle, sur les confins de la
forêt de Chaux.

Aisne. — Le 13 décembre 1920, un Loup a été tué à
Monbrehain, commune de l'arrondissement de Saint-
Quentin. Il n'en a pas été rencontré depuis.

Seine-et-Marne. — De 1891 à 1895, 2 Loups et une
Louve furent détruits dans l'arrondissement de Provins ;

puis, le 8 mai 1902, une Louve fut tuée sur la commune de Saint-Martin-des-Champs, arrondissement de Coulommiers. Depuis cette époque déjà lointaine, aucun Loup n'a été détruit en Seine-et-Marne.

Loiret. — Il résulte des indications recueillies dans les registres de la comptabilité, à l'article Destruction des Loups, que les dernières primes payées ont été mandatées en 1890.

Aube. — Il a été impossible de trouver, dans les archives de la préfecture, les dates auxquelles ont été tués les derniers Loups ; mais depuis longtemps déjà, il n'a pas été entendu parler de ces animaux dans le département.

Yonne. — Réponse encore plus sommaire : « Pas de Loups dans le département de l'Yonne » ; mais c'est déjà quelque chose, car parfois on ne me répondait même pas ; cependant, je dois dire que c'était rare.

Côte-d'Or. — Réponse bien simple : « Il n'existe pas de Loups dans la Côte-d'Or depuis nombre d'années. » La lettre était datée du 3 juin 1927. Mais le 2 février 1927, *Le Petit Parisien* avait publié que plusieurs cultivateurs avaient vu un Loup dans la vallée du moulin de Vellerot, et ce même journal avait ajouté, le 2 mai de la même année, que la présence d'une Louve avait été signalée près de Turcey, canton de Sombernon. *Le Journal*, dans son numéro du 22 janvier 1929, a publié une dépêche de Dijon disant que le froid était assez rigoureux dans la Côte-d'Or et le Morvan ; qu'à Savigny-le-Sec, des cultivateurs avaient aperçu deux Loups, et qu'un animal de cette espèce avait été vu également aux abords de Sombernon.

Mais il faut se méfier actuellement de ce que disent les journaux au sujet des Loups signalés en France. En voici deux exemples très récents. Dans son numéro du 3 mars 1929, le journal *L'Éclair de Montpellier* a publié la dépêche suivante, qui m'a été communiquée par mon ami, M. le docteur Marignan, de Marsillargues (Hérault) :

« Le Puy, 2 mars. — Le froid est particulièrement vif dans la Haute-Loire. Au cours d'une battue organisée dans les bois d'Azerat, des chasseurs aperçurent neuf Loups ; un seul put être abattu. »

Neuf Loups ensemble à notre époque et en France, c'était beaucoup, et je me demandai ce qu'il y avait de vrai dans ce récit. Ayant écrit à ce sujet à M. le Préfet de la Haute-Loire, ma lettre et le questionnaire qu'elle contenait furent transmis à M. Grandordy, Inspecteur principal des Eaux et Forêts au Puy, qui voulut bien faire une enquête dont le résultat me fut communiqué :

« La presse a relaté que des Loups avaient été vus dans le département de la Haute-Loire, pendant le rude hiver 1928-1929. Un journal a même inséré qu'au cours d'une battue, à Azerat, les chasseurs avaient aperçu neuf Loups et qu'un seul de ces animaux avait pu être tué.

« Nous avons fait procéder à une enquête afin de savoir ce qu'il y avait de vrai dans ces allégations.

« Deux ou trois habitants d'Azerat prétendent avoir vu des *traces* de Loup dans la neige. L'un d'eux assure que son Chien a eu une oreille déchirée par un Loup.

« Dans la région de Brioude-Blesle, les racontars sont allés leur train sans qu'aucun fait positif n'ait pu être produit. Toutefois, un malin chasseur de Blesle a tué un Chien-Loup et a vendu sa peau à un paysan qui l'a revendue au marché de Brioude à un marchand de Clermont-Ferrand. Mais les pattes de l'animal avaient été préalablement amputées, afin de rendre impossible toute identification.

« En somme, tous les bruits répandus sur la présence de Loups paraissent dénués de tout fondement. Ils ont été le prétexte pour justifier des battues dans les villages environnants, battues au cours desquelles la préoccupation n'était pas la destruction des Loups.

« A notre avis, il est à peu près certain qu'aucun Loup n'a été vu. Dans tous les cas, aucun animal de cette espèce n'a été tué. »

Cela me fit souvenir qu'un de mes parents, M. Delouche de Pémoret, m'avait communiqué une dépêche insérée dans le numéro du 1ᵉʳ janvier 1929 du journal cynégétique *Le Saint-Hubert Club illustré* :

« Les Loups dans la Meuse. — A la ferme du Haut-Bois, à quelques kilomètres à peine de Bar-le-Duc, des Loups ont, à deux reprises différentes, attaqué, tué et en partie dévoré de jeunes Chevaux qui étaient au parc. Des battues ont été organisées contre ces animaux. »

J'écrivis à M. le Préfet de la Meuse, afin de le prier d'être assez bon pour me donner des renseignements à propos de ces méfaits attribués à des Loups, et il me répondit :

« J'ai l'honneur de vous faire connaître, en accord avec M. le Conservateur des Eaux et Forêts, que les constatations faites se réduisent aux faits suivants :

« A la fin de l'année 1928, des Chevaux situés dans un pâturage de la ferme du Haut-Bois, à 5 kilomètres de Bar-le-Duc, ayant été blessés et mordus, le bruit a couru qu'ils avaient été attaqués par un Loup et la presse locale en a fait mention. Mais il a été constaté quelques jours plus tard que ce prétendu Loup n'était en réalité qu'un *Chien-Loup* appartenant à un propriétaire de Fains-les-Sources; les journaux du département et de la région ont aussitôt fait paraître une mise au point réduisant l'incident à ses véritables proportions. »

On vient de voir qu'on avait coupé les pattes d'une peau de Chien-Loup, espèce très à la mode en France à l'époque actuelle, afin de la faire passer pour une véritable peau de Loup. Si les commerçants qui achètent les dépouilles des bêtes se donnaient la peine de bien examiner les oreilles, la peau de la tête et la queue d'une dépouille de Chien qu'on veut leur faire prendre pour celle d'un Loup, ils ne se laisseraient pas tromper aussi facilement.

Savoie. — Même avant l'année 1900, on ne trouvait plus de Loups en Savoie; cinq ans avant, ils avaient entièrement disparu. Une Louve fut tuée en 1886; une autre en 1889; un Loup, le 16 octobre 1894; un autre, le 29 du même mois, et ce fut le dernier détruit en Savoie. Au sujet des Ours, *Le Chasseur français*, dans son numéro de février 1929, parle de deux de ces animaux qui furent abattus vers la fin du siècle dernier. Dans le massif montagneux situé entre La Chambre et Saint-Rémy (Savoie), et Allevard (Isère), une Ourse fut tuée au printemps de 1896 et un Ourson à l'automne suivant.

Hautes-Alpes. — Un Loup a été tué en 1872; pendant le grand hiver de 1879, on en entendit hurler pendant la nuit, mais aucun ne fut tué. Ces renseignements m'ont été envoyés par M. le Préfet des Hautes-Alpes qui les avait demandés à M. l'Archiviste du département, lequel ajoutait dans sa réponse : « Depuis lors, les Loups que l'on continue encore à citer dans le Briançonnais, sont en réalité des Loups-cerviers, c'est-à-dire des Lynx. En 1883, on a tué 4 Lynx mâles et une femelle. Le 31 décembre 1887, une femelle est tuée à Guillestre, par MM. Ripert et Travel (c'est l'animal qui est empaillé au musée de Gap). Le 9 septembre, une battue est organisée contre un Lynx à Dormilloutre. Les derniers Ours ont été mentionnés au début du XIX° siècle.

Les Lynx sont des Félidés et non des Canidés, et ne ressemblent pas aux Loups.

Basses-Alpes. — D'après M. l'Inspecteur principal des Eaux et Forêts en résidence à Digne, aucun Loup n'a été vu dans les Basses-Alpes depuis environ cinquante ans. Cette espèce semble donc avoir complètement disparu de la région.

Var. — Les Loups ont disparu de ce département depuis bien plus longtemps encore ; le dernier fut tué à Fréjus en 1850 ; depuis cette lointaine époque, aucun n'a été signalé.

Nièvre. — D'après les archives de ce département, un Loup a été tué le 11 juillet 1896 à Fleury-sur-Loire et deux autres furent vus sur cette même commune. Un rapport de M. l'Inspecteur des Forêts à Clamecy, signale une bande de Loups à la limite des communes de Courcelles et de Corvol-l'Orgueilleux, lesquels ont égorgé et dévoré quatre Moutons et blessé plus ou moins grièvement une vingtaine. Ce troupeau se trouvait dans un pré entièrement clos par des fils de fer ronce et appartenait à M. Lainé, fermier du domaine des Prés, près de Clamecy. Depuis les derniers méfaits commis par ces animaux carnassiers dans le département de la Nièvre en 1897, il n'a été signalé aucune autre apparition de Loup, malgré les quatre dixièmes de la superficie du département couverts de forêts et de bois, environ 215.000 hectares.

Allier. — D'après les renseignements fournis par la préfecture et la conservation des Eaux et Forêts, aucun Loup n'a été tué dans le département depuis trente ans ; s'il en a été tué, la prime n'a pas été demandée. Je tiens de M. Buffault, Conservateur des Eaux et Forêts à Bourges, qu'un chasseur de l'Allier lui a dit que le dernier Loup tué dans ce département, l'avait été en 1875, dans la forêt de Maulnay, à environ 10 kilomètres de Moulins.

Puy-de-Dôme. — De 1884 à 1889, 2 Louves et 2 Loups tués ont été déclarés à la préfecture. Puis un Loup fut tué le 23 juin 1902 à Villevieille, commune de Gelles, arrondissement de Clermont-Ferrand. D'après les renseignements pris à la préfecture, ce fut la dernière bête déclarée.

Cantal. — Le dernier Loup tué dans le Cantal fut abattu à Saint-Jacques-des-Blats, arrondissement d'Aurillac, le 11 février 1927 ; des cultivateurs, surpris de trouver un Ane étranglé et fortement entamé, avaient organisé une battue qui fut couronnée de succès. Les Loups tendent à disparaître de plus en plus du Cantal où ils étaient jadis si communs, et il faut remonter à plus de vingt ans en arrière pour constater la présence de Loups dans ce département, en dehors de celui que je viens de signaler et dont la mort est récente.

Loire. — D'après renseignements fournis par la préfecture, il n'y a plus de Loups dans ce département depuis un demi-siècle.

Haute-Loire. — Les Loups sont devenus excessivement rares en Haute-Loire, et ce n'est qu'accidentellement qu'on en rencontre. Un Loup a été tué en janvier 1924 par M. Pessemesse, à Solignac-sur-Loire, arrondissement du Puy.

Lozère. — Dans ce pays de la *Bête du Gévaudan*, où jadis les Loups étaient fort nombreux, il a été impossible de trouver trace de prime payée depuis moins de vingt ans pour la destruction d'un animal de cette espèce. D'après M. Mingaud (1), entre 1883 et 1890, 6 Loups, 4 louves et

(1) GALIEN MINGAUD, secrétaire général et lauréat de la Société d'Etudes des Sciences naturelles de Nîmes. *Notes pour servir à l'Histoire des Loups dans le département du Gard et dans les départements limitrophes depuis 1880 jusqu'en 1892. Bulletin de la Société d'Etudes des Sciences naturelles de Nîmes*, 1893. L'auteur y traite des Loups du Gard, de l'Hérault, de l'Aveyron, de la Lozère, de l'Ardèche, du Vaucluse et des Bouches-du-Rhône.

un Louveteau ont été détruits dans la Lozère. M. Paul-
Marie Weyd a publié un ouvrage sur *Les Forêts de la
Lozère* où il dit que ces animaux furent très nombreux jusqu'en 1879, mais qu'ils l'étaient encore plus autrefois, puisque de 1800 à 1859, on en détruisit 2.005, alors que de 1883
à 1898, on en tua seulement 18, et que depuis cette époque,
un seul Loup fut tué le 16 juin 1907, dans la commune de
Bessons.

Ardèche. — De 1879 à 1891, 13 Loups et 2 Louves ont
été tués dans ce département. On fut ensuite longtemps
sans en voir, quand le 6 novembre 1922, un Loup fut tué
au bois de la Chaize, près du Cheylard, et M. Albert
Argoud, l'heureux chasseur, toucha la prime. Cela démon-
tre que tant qu'il y aura encore quelques Loups en France,
lesquels peu à peu deviennent errants, on pourra en rencontrer, ici ou là, sur notre territoire.

Aveyron. — Aucune déclaration concernant les Loups n'a
été faite à la préfecture depuis fort longtemps. Entre 1883
et 1891, 14 Loups, 2 Louves et 7 Louveteaux ont été tués
dans l'Aveyron, d'après M. Mingaud.

Lot. — Depuis plus de vingt ans, aucune mort de Loup
n'a été déclarée à la préfecture.

Lot-et-Garonne. — Un Loup fit, en décembre 1902, une
incursion dans le Lot-et-Garonne où il tua et dévora un
Chien ; l'animal fut traqué et tué en Dordogne, d'après le
brigadier des Eaux et Forêts en résidence au chef-lieu du
Lot-et-Garonne.

Gard. — M. Mingaud a indiqué dans sa note que
10 Loups, 3 Louves et 2 Louveteaux furent tués dans le
Gard entre 1880 et 1887.

Bouches-du-Rhône. — Le même auteur indique 3 Loups
et 3 Louveteaux comme ayant été tués dans les Bouches-du-
Rhône, entre 1883 et 1892.

Je tiens de M. le docteur Marignan, qu'autrefois les
Loups n'étaient pas rares en Camargue ; ils suivaient
les troupeaux transhumants qui allaient vers les Alpes au
printemps et en descendaient en octobre. Aujourd'hui, les
troupeaux font le voyage en chemin de fer. Il y a au musée

arlésien d'ethnographie, venant de la Camargue, des colliers en fer avec des pointes très acérées, qui protégeaient les Chiens contre les Loups.

Vaucluse. — M. Mingaud a aussi indiqué qu'un Loup fut tué en Vaucluse en 1880.

Ariège. — On n'a pu trouver aucune déclaration à la préfecture, car depuis fort longtemps il n'existe plus de Loups dans ce département. Mais entre l'Ariège et le département des Basses-Pyrénées, il y a encore quelques Ours.

Pyrénées-Orientales. — Le journal *L'Eleveur*, dans son numéro du 14 février 1926, a publié la note suivante : « Depuis un mois, les habitants des villages des environs de Prades remarquaient sur la neige des traces qui ne pouvaient être que d'un Loup. Comme depuis plus de quarante ans ces animaux ont disparu du pays, personne ne voulait croire à la présence d'un de ces fauves. Cependant, il a été découvert et abattu à coups de fusil. La bête ne devait pas souffrir de la faim, car elle se portait bien. » Et ce journal ajoute : « Dans certaines forêts de l'Ariège, aux endroits inaccessibles on rencontre parfois des Ours, mais plus de Loups. »

Landes. — De la préfecture des Landes il m'a été répondu : Aucun carnassier de cette espèce n'a été signalé depuis de très nombreuses années dans le département ; il est hors de doute que le Loup a complètement disparu des Landes.

Cher. — D'après les renseignements qui m'ont été fournis par M. Buffault, Conservateur des Eaux et Forêts à Bourges, et M. Paul des Chaumes, habitant cette ville, 20 Loups, 23 Louves et un Louveteau ont été détruits dans le Cher de 1868 à 1880 ; un Loup et une Louve en 1882, et plusieurs autres Loups sans désignation de sexe ont été tués cette année-là. De 1883 à 1887, 14 Loups, 3 Louves et 2 Louveteaux sont détruits, plusieurs par le poison. Un cultivateur, auquel les Loups avaient tué plusieurs Moutons, empoisonna les débris de l'un d'eux ; il trouva deux cadavres de Loups, mais ayant négligé de demander l'autorisation d'employer le poison, il ne put toucher la prime. Puis les Loups se firent de plus en plus rares ; je n'ai pu avoir pour cette période que des renseignements très incomplets. Il semble bien que les 2 derniers Loups tués dans ce département furent les suivants : un Loup, près de Vierzon, en 1896, et un autre à Herry, le 28 novembre 1899.

M. Camus, qui a succédé à M. Buffault à la 20e Conservation des Eaux et Forêts, à Bourges, a bien voulu écrire à quelques-uns de ses collègues et à des Inspecteurs, afin que je puisse avoir les renseignements qui m'étaient indispensables pour mener à bien mon enquête sur les Loups. Qu'il reçoive l'expression de ma sincère reconnaissance.

Indre. — J'ai dit combien les Loups y étaient communs autrefois. C'était à tel point que le conseil général de l'Indre, dans sa session de l'an IX, « invitait le Gouvernement à payer exactement les primes de la destruction des Loups, dont la multiplicité devient effrayante dans ce département (1) ». Mais tout à fait à la fin du siècle dernier et au début du XXe, ils se faisaient de plus en plus rares. Voici la liste des 5 derniers qui furent déclarés à la préfecture : un Loup tué à Oulches, arrondissement du Blanc, le 28 janvier 1897, par M. Auguste Moisy ; un Loup tué le 27 février 1897, par M. Gilardeau, près d'Argenton, mais non sur le territoire de la commune ; un Louveteau pris le 20 mars 1897, par M. Jean Colin, à Oulches. Une Louve de 68 livres fut tuée par M. Jean Baudet non loin de Vigoux, le 14 janvier 1901, devant les Chiens de M. le marquis de la Celle. Il y avait, ce jour-là, 4 Loups ensemble sur la terre de Villebuxières. On avait vu aussi des Loups dans cette contrée de Vigoux quelques mois avant et c'étaient probablement les mêmes, car en octobre et novembre 1900, ils prirent en moins d'un mois, sur une propriété m'appartenant, 4 Porcs de cinq ou six mois, dont on retrouva plus tard les têtes dans un bois très fourré, 4 Dindons et 8 Oies ; l'une de ces dernières fut prise au milieu de la cour du domaine, un dimanche matin, au moment où les cultivateurs étaient à table, par un grand Loup gris fauve ; bien entendu, les cris des gens ne lui firent pas lâcher sa proie. Un loup de 90 livres fut tué le

___

(1) *Anciennes délibérations du Conseil général de l'Indre* (1800-1836), REVUE DU BERRY ET DU CENTRE (Châteauroux. Nos de juillet, août, septembre 1925).

31 janvier 1905, par M. Bujaud, près de Chaillac. Ces trois derniers animaux ont été abattus dans l'arrondissement du Blanc.

Dans l'Indre, a dit M. J. Tripier dans son article, un grand Loup s'est encore montré pendant l'hiver de 1913, en forêt de Lancosme. Je tiens de M. Marcel Bigot, de Saint-Gaultier, qui chasse souvent dans cette forêt, qu'un Loup y a séjourné un certain temps pendant la mauvaise saison de 1916-1917, et qu'il a été vu par différentes personnes connaissant parfaitement les Loups.

Creuse. — Les 4 derniers sujets de cette espèce détruits dans la Creuse furent : un Louveteau, le 14 mars 1898, sur la commune de la Nouaille, arrondissement d'Aubusson ; un Loup, le 10 octobre 1898, sur la commune d'Auge, arrondissement de Boussac ; une Louve, en 1899, près de Faux-la-Montagne, arrondissement d'Aubusson ; une Louve pleine, le 1er mai 1900, près de Saint-Martial-le-Vieux, même arrondissement.

Corrèze. — La préfecture de la Corrèze m'a informé qu'aucune déclaration relative à la destruction de Loups n'avait été faite depuis une vingtaine d'années.

Dordogne. — En un temps assez rapproché de notre époque, les Loups ont pu se maintenir encore un peu dans ce département où ils furent autrefois si communs. De 1911 à 1921, 24 Loups, Louves, Louvarts ou Louveteaux ont été abattus. Dans l'arrondissement de Nontron, une Louve fut tuée en 1922, une autre en 1923, une troisième en 1924 et une quatrième, même année. Puis une Louve fut tuée le 8 novembre 1924, à Tuilhac-d'Auberoche, dans l'arrondissement de Périgueux. S'il reste encore des Loups dans ce département, ils se trouvent très probablement dans les bois de l'arrondissement de Nontron.

Charente-Inférieure. — Un Loup a été tué le 22 février 1917 à Mocqueville, près de la limite de la Charente, entre Matha (Charente-Inférieure) et Rouillac (Charente). Depuis 1899, aucune autre destruction de Loup n'avait été signalée en Charente-Inférieure.

Charente. — Il existe encore des Loups dans la Charente, mais ils y deviennent très rares. Les destructions ont

été plus fréquentes dans la période qui a suivi immédiatement les années de guerre, c'est-à-dire de la fin de 1918 à
décembre 1920. Puis, un Loup de 76 livres fut tué le
28 mars 1921 dans l'arrondissement de Confolens. Un Loup
de 86 livres fut abattu le 9 janvier 1922 dans le même
arrondissement. Le 8 octobre 1922, un Loup fut tué dans
l'arrondissement d'Angoulême. Enfin, dans l'arrondissement de Confolens on tua un Loup le 16 novembre 1922 et
une Louve le 15 septembre 1926.

Haute-Vienne. — Les quelques Loups qu'on peut encore
rencontrer dans ce département viennent d'ordinaire de
la Charente ou de la Vienne. Les derniers abattus en
Haute-Vienne sont : un Loup adulte, tué à la Ganne-de-
l'Air, près de Sussac, arrondissement de Limoges, en janvier 1926 ; un Loup adulte avait été tué en février 1924, à
Montral-Sénard.

Je tiens de mon collègue et ami René d'Abadie, que
vers 1895 son père prenait chaque année une dizaine de
Louvarts en forêt de Rancon, car il possédait un excellent
équipage. Mais, ajoutait-il, les Loups sont devenus très
rares ; pourtant il ne se passe guère d'année où l'on
n'entende parler d'eux. Ils semblent se plaire particulièrement dans les bois de Bouery, situés un peu à l'est de
Saint-Léger-Magnazeix, et parfois commettent quelques
dégâts. Le 31 octobre 1926, non loin de la localité précitée,
une Louve de 80 livres a été tuée par un cultivateur au
moment où elle venait prendre un Dindon. Et je tiens
d'un de mes camarades que deux Loups auraient été signalés dans ce département pendant les neiges et les grands
froids de février 1929.

Vienne. — Mon ami, M. Alexandre Masson, directeur de
l'*Avenir de la Vienne*, a bien voulu faire des recherches à
la préfecture de ce département pour me renseigner sur les
derniers Loups détruits. Une Louve pleine fut tuée le
22 janvier 1921, près de Pressac, arrondissement de Civray.
Même arrondissement, un Loup fut tué le 28 février 1921,
non loin de Lizant. Dans l'arrondissement de Montmorillon, un Loup fut abattu le 13 janvier 1923, près de Queaux,
et une Louve pleine fut tuée le 16 juin 1925, à Saint-Lau-

rent. On voit encore, de loin en loin, quelques Loups dans ce département.

Indre-et-Loire. — En 1891 et 1892, un Louveteau, 2 Loups et une Louve sont tués dans l'arrondissement de Loches. Puis il faut sauter jusqu'en 1908, pour constater une nouvelle mort de Loup ; en effet, un mâle de 100 livres fut tué le 24 octobre à Ferrière-Larçon, arrondissement de Loches.

Deux-Sèvres. — M. H. Gelin, dans sa note sur la *Destruction des Loups dans les Deux-Sèvres*, indique que de 1894 à 1899, 39 Loups, Louves, Louvarts ou Louveteaux furent tués dans ce département. En 1901, un seul Loup fut tué. Presque tous ces Loups ont été abattus dans la région de Lezay, arrondissement de Melle.

On fut de longues années sans en voir, quand, près de Niort, un Loup fut tué au moment où il attaquait des Chèvres ; mon collègue, M. Lacroix, conservateur du musée d'Histoire naturelle de Niort, m'en informa et m'envoya le numéro du 17 décembre 1927 du *Mémorial des Deux-Sèvres* relatant le fait.

Vendée. — De la préfecture de la Vendée, j'ai reçu avis qu'aucun Loup n'avait été vu ou détruit dans ce département depuis une vingtaine d'années.

Loire-Inférieure. — Les recherches effectuées aux archives départementales n'ont pas permis de découvrir l'époque, probablement très ancienne, à laquelle ont été tués les derniers Loups.

Eure-et-Loir. — De 1870 à 1872, 5 Loups et une Louve ont été détruits dans les arrondissements de Chartres et de Dreux ; puis une Louve fut tuée en mars 1873, sur la commune du Favril, arrondissement de Chartres. Depuis plus de cinquante ans, il n'a été tué aucun Loup dans l'Eure-et-Loir.

Mayenne. — De 1880 à 1884, 3 Loups furent tués, dont 2 en forêt de Bourgon. Les derniers Loups ont été empoisonnés en 1885, en forêt de Mayenne et en forêt de Pail. Depuis cette époque, il n'existe plus de Loups dans ce département. Ces renseignements m'ont été fournis par

M. le lieutenant de louveterie de l'arrondissement de Mayenne.

Ille-et-Vilaine. — Depuis plus de vingt ans, aucun dégât n'a été commis par les Loups en Ille-et-Vilaine où il n'en existe plus.

Morbihan. — D'une lettre adressée à M. le Préfet du Morbihan par M. l'Inspecteur des Eaux et Forêts de Lorient, c'est, d'après M. de Pluvie, doyen des veneurs du Morbihan et lieutenant de louveterie, à l'usage de la strychnine qu'est dû l'achèvement de la destruction des Loups dans ce département. A partir de 1885, on n'entendit plus parler des Loups. Il y en avait encore beaucoup en 1875, année où M. de Pluvie en détruisit 6. Mais cependant j'ai su, par la préfecture du Morbihan, que le 10 mai 1898 un Louveteau a été pris près de Baud ; depuis cette date, aucune prime n'a été allouée pour cet objet dans le Morbihan.

Côtes-du-Nord. — Une Louve a été tuée en 1887, dans les bois de Coëlan, commune de Langourla, arrondissement de Loudéac. Il n'existe plus de Loups dans les Côtes-du-Nord.

Finistère. — Dans ce département où les Loups pullulaient autrefois, seulement 3 Loups, 2 Louves et 7 Louveteaux ont été tués de 1868 à 1872 ; un autre pendant l'hiver de 1878-1879. Enfin, un Loup a été tué en 1885, par le lieutenant de louveterie de l'arrondissement de Brest. Depuis cette époque, aucun Loup n'a été signalé dans le Finistère.

Manche. — Depuis très longtemps, les Loups ont disparu du département de la Manche.

Dans ce long mémoire, j'ai montré ce qu'est le Loup, sa façon de vivre, de se reproduire, les dommages énormes qu'il cause aux animaux des fermes et des bois, son insatiable appétit, sa férocité et aussi son intelligence, car il est bien des fois plus rusé et plus audacieux que le Renard ; j'ai parlé de ses attaques contre l'homme, des effroyables drames dont il est le héros lorsqu'un malheureux hasard met sur sa route un Chien enragé dont il fait sa proie.

J'ai parlé aussi de la guerre acharnée que lui fit l'homme
et des moyens qu'il employa pour anéantir sa race, à tel
point qu'il n'y a plus que quelques départements du centre
et du centre-ouest où on le rencontre encore, mais où il
devient de plus en plus clairsemé. Ailleurs, dans l'est et
le nord-est de notre pays, les très rares individus qu'on
pourrait peut-être encore y trouver sont errants.

Ne reverrons-nous jamais chez nous cette bête magnifique, mais dangereuse, qui va disparaître?

Il y a encore des Loups en Espagne, en Italie et aussi
dans les Balkans où pendant les grands froids de janvier et
de février 1929 ils attaquèrent et dévorèrent plusieurs personnes. Il y en a bien plus encore dans le nord-est de
l'Europe et en Asie.

Le sud de l'Angleterre était totalement débarrassé des
Loups vers 966, le nord et l'Ecosse vers 1687 ou 1690,
l'Irlande en 1712.

La mer isole du continent européen les Iles-Britanni-
ques, dont elles font partie en tant qu'îles ; il n'en est pas
de même pour la France, qui, elle, constitue l'une des parties du continent européen proprement dit, lequel est joint à
l'Asie par une énorme frontière terrestre. Les Loups —
les mêmes que ceux qu'on trouve en Europe, car il y en a
d'autres espèces — pullulent encore dans plusieurs contrées
de l'Asie, en Sibérie surtout ; il y en a également beaucoup
en Russie d'Europe : « En 1914, une caravane entière fut
dévorée par eux à quelque distance des montagnes Uril, sur
le grand chemin du désert sibérien. Une trentaine de Loups
gisaient parmi les cadavres des voyageurs affreusement
mutilés, attestant ainsi quelle scène effroyable s'était passée
là. » (1)

Le journal *Le Petit Parisien* du 28 décembre 1927, publia
la dépêche suivante de Moscou : « A cause de la tempéra-
ture rigoureuse qui règne actuellement en Sibérie, on
signale une invasion de Loups telle que de mémoire
d'homme, on n'en a jamais vu de pareille. Récemment, le
village de Pilovo, du gouvernement d'Ienisseik, a été envahi
par une bande de Loups. Plusieurs personnes ont été dévo-

(1) P. HACHET-SOUPLET, *Les Grands Fauves*, ouvrage illustré de
25 photographies. Paris, librairie Alphonse Lemerre, 23-33, passage
Choiseul.

rées. Les habitants s'étant barricadés dans leurs demeures, les Loups ont commencé à hurler et ces hurlements attirèrent d'autres bandes de fauves. Les habitants ainsi assiégés ont dû leur salut à un hasard ; un aéroplane militaire, qui survolait la région, ayant remarqué cette invasion de Loups, prévint les autorités d'Ienisscik qui envoyèrent deux détachements de la Garde rouge au secours de la population du village. »

Il y a des Loups en Pologne et dans d'autres pays de l'est de l'Europe. En janvier 1928, les journaux annonçaient : « Le nombre des Loups qui parcourent maintenant les plaines de la Hongrie et de la Tchéco-Slovaquie cause des inquiétudes des plus vives. Les animaux ont fait leur apparition dans des régions où ils n'avaient pas été vus depuis de nombreuses années, et les habitants n'osent pas sortir de leurs maisons, dans plusieurs localités. Onze jeunes filles de Marmaras-Sziget, au pied des Karpathes, ont été dévorées par une bande de Loups alors qu'elles traversaient la forêt. »

Pendant la grande guerre de 1914-1918, de nombreux Loups, qui avaient profité de l'abandon du front oriental par les troupes russes et du profond silence qui avait succédé au vacarme des explosions, suivirent des troupes allemandes jusqu'en Prusse orientale et l'on craignait qu'ils ne puissent parvenir à traverser l'Allemagne et à se répandre jusqu'en Alsace et en Lorraine (1).

Mais les Loups qui étaient entrés dans l'est de la Prusse, ne s'acheminèrent sans doute pas en toute tranquillité à travers l'intérieur de ce pays, car l'Alsace et la Lorraine n'eurent pas à subir un envahissement de ce genre. Du reste, en approchant du front occidental, une fois l'Alsace et la Lorraine et même la Belgique traversées en partie, ils n'auraient pas continué leur chemin. Dans le numéro du 5 octobre 1878 de *La Chasse illustrée*, on lit : « Influence du canon sur les Loups. — Les exercices à feu de l'artillerie au polygone de Briart, près Poitiers, ont produit un effet inattendu. Il paraît que les projectiles éclatant dans le voisinage de la forêt de Saint-Hilaire ont

____

(1) Travaux et notices publiés par l'Académie d'Agriculture de France, tome 11, 1925. *Les Forêts d'Alsace et de Lorraine*, par M. H. LAFOSSE, membre de l'Académie d'Agriculture.

causé une telle frayeur aux Loups, qu'ils ont quitté la forêt pour se répandre dans la contrée environnante, où ils commettent toutes sortes de ravages. Les habitants réclament de sérieuses battues. »

Plus tard, dans un temps plus ou moins long, si une invasion humaine venait de l'est, amenée par une régression de la civilisation dans la partie occidentale de l'Europe, les Loups pourraient la suivre et revenir peupler notre territoire. Cependant, les armées employant plutôt la traction mécanique que la traction hippomobile, les cadavres de chevaux jalonneraient peut-être moins que jadis les chemins parcourus par les armées. Néanmoins, comme ce seraient des hordes immenses qui se déplaceraient, la cavalerie y serait encore très nombreuse. Ainsi que cela eut lieu il y a un peu plus d'un siècle, on pourrait revoir en France les cavaliers russes et sibériens, les Kalmouks et même, cette fois, des troupes chinoises. Mais chassons ce cauchemar, car ce serait alors la misère pour les habitants des pays envahis, et pour les Loups le commencement d'un nouveau règne.

CHATEAUROUX. — IMPRIMERIE CENTRALE

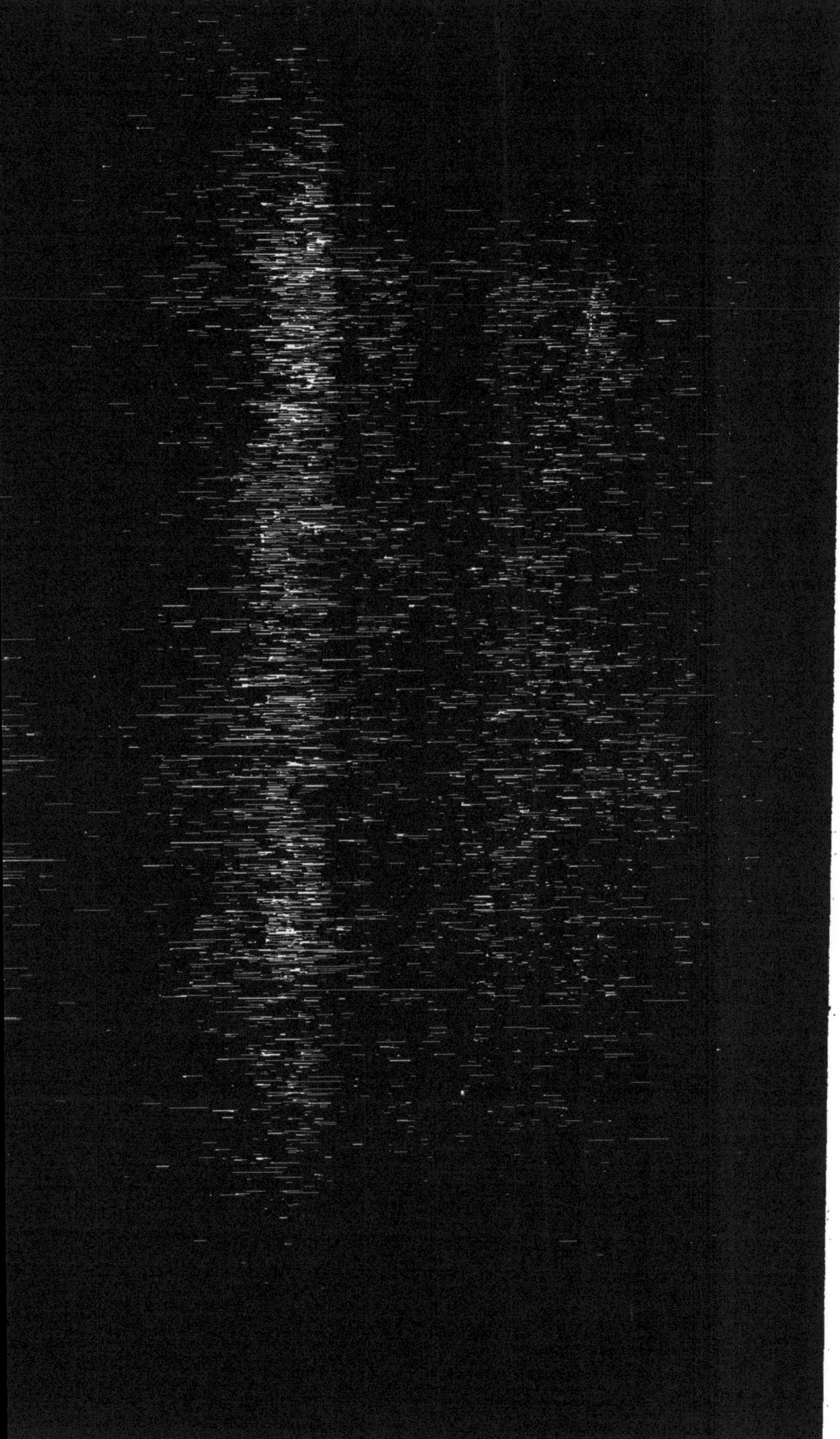

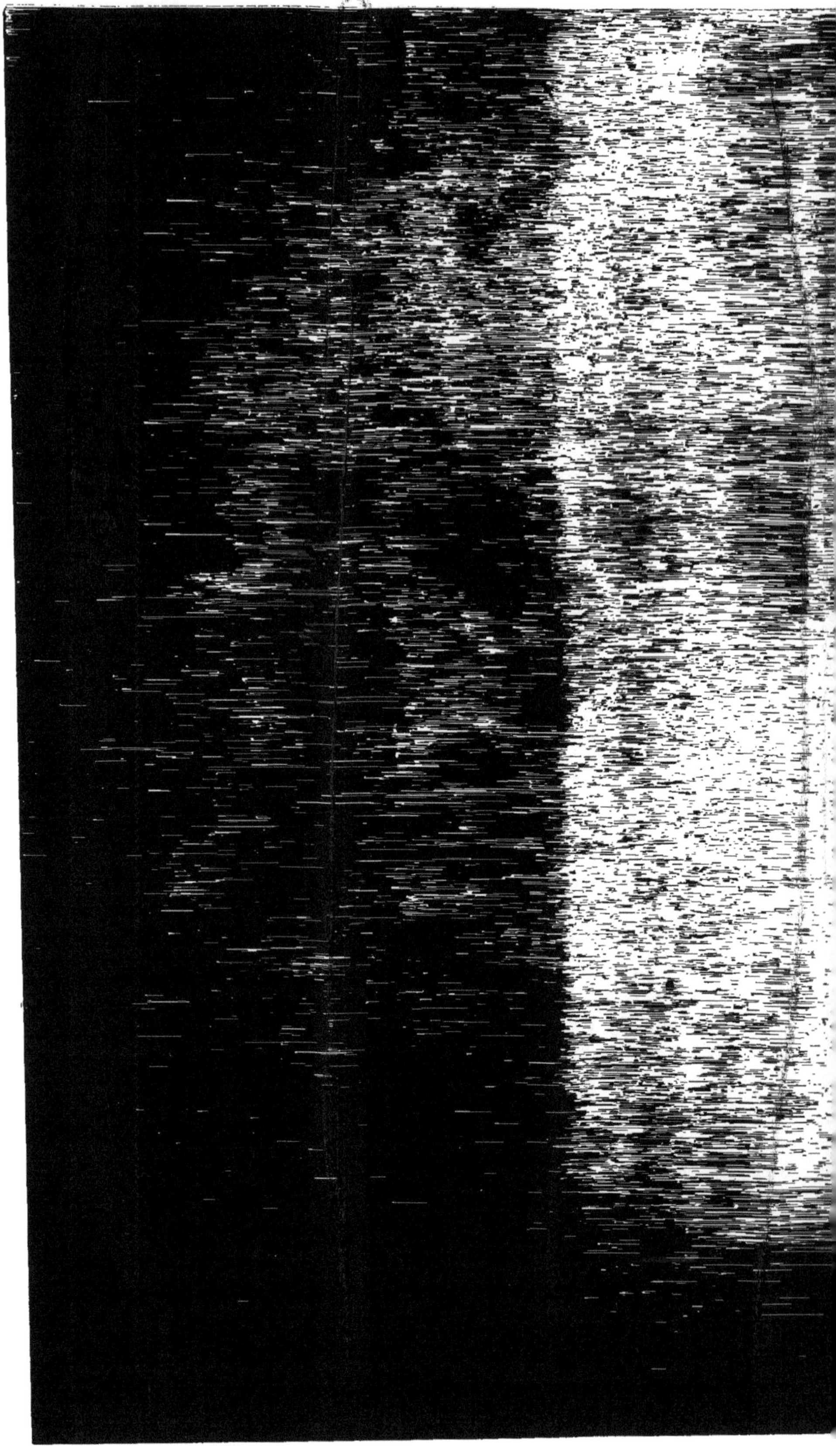

9 782329 041193